跟老师傅做传统点心

吕鸿禹——著

中国轻工业出版社

目录
contents

004 烘焙笔记

第一章 糕饼

008 凤梨客气
010 古早味鸡蛋糕
012 芝麻喜饼
014 象鼻子糕
016 海味月饼
018 金沙月饼
020 山东大饼
022 冰皮月饼

第二章 松糕

024 传统绿豆糕
026 奶酪咸糕
028 原味甜糕
030 核桃贵片糕
032 长年糕
034 茯苓糕
036 钵仔糕

第三章 酥饼

038 姜酥饼
040 干贝饼
042 芝麻一口酥
044 香妃酥
046 杏仁酥饼
048 继光饼
050 豆渣饼
052 香椿小饼
054 竹堑饼
056 黄油酥饼
058 红豆小饼
060 脆皮泡芙
062 状元饼
064 凤梨酥

第四章　茶点

066　地瓜糖
068　芝麻瓦饼
070　地瓜枣
072　麻团
074　江米条
076　芋枣
078　小馒头
080　蒜头薄饼
082　耳朵饼
084　椰子船
086　炸米花
087　小麻球
088　米干糖
090　黄豆软糖
092　麻粩米粩
094　黑糖米香糖
096　黄金御果子
098　马拉糕
100　萨其马
102　发糕

第五章　咸点

104　海米碗糕
106　炸咸芋丸
108　八宝丸
110　端午粽
112　咸酥饺
114　麻豆碗粿

第六章　其他

116　平安龟
118　传统年糕
120　红豆年糕
122　甜甜圈
124　小窝头
125　苹果面包
126　魔芳
128　自制绿豆粉
130　自制绿豆馅
132　杏仁茶
134　羊羹
135　面茶
136　麻糬
138　圆仔红龟
140　春卷皮
143　粉粿

烘焙笔记

Baking notes

老师傅的叮咛

自从出现了一系列的食品安全问题后，很多添加剂都已经见不到了，或是换了名称。因此我在书中对一些改了名称的原料及添加剂做了详细的记录，以方便读者查询及使用。此外，我也会跟大家分享一些制作糕点时的小技巧。

制作糕饼常用的粉末

白雪粉

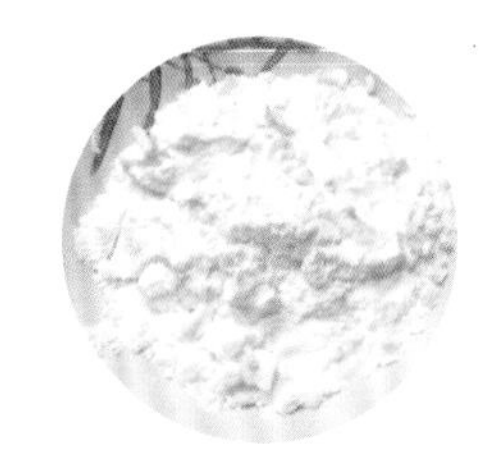

即“进口土豆淀粉”，其色泽洁白，如同玻璃纸般光滑。有极强的粘附性，常用于制作烘焙食品，能够保持食物中的水分。

泡打粉

是一种复合膨松剂，由苏打粉添加酸性材料，并以玉米粉作为填充剂制成的白色粉末，常用于糕饼的制作。泡打粉分为两种，一种只有在接触液体时才会膨胀；另一种在接触液体时膨胀一次，遇热时再膨胀一次。出现了很多食品安全问题后，人们才开始重视使用“无铝泡打粉”。自制无铝泡打粉，是将小苏打粉、玉米淀粉、塔塔粉各按1/3的比例混合而成。

Tips 自制无铝泡打粉是一次性的，所以混合后要赶快烘烤，防止其失去活性。

小苏打粉

又叫“碳酸氢钠”，是一种天然的白色粉末，色泽亮白、粉质粗干，有糖粉一样的湿细感。溶于水时为弱碱性，会产生泡沫。也是制作糕饼时常用的添加原料。

玉米淀粉

色泽亮白，与土豆淀粉一样是勾芡的主要原料。玉米淀粉又分为两种，白色为玉米淀粉，可制作布丁、卡仕达馅，或是用来勾芡等；黄色为玉米面粉，可制作酥饼、小馒头、玉米片等。

塔塔粉

白色粉末，是酿造葡萄酒的过程中所产生的副产品，成分较为天然，常用于制作蛋白霜及打发蛋白。

凤片粉与糕仔粉

这两种粉类可以互相替代使用。凤片粉可拿来做糕仔，而糕仔粉也可用来做凤片糕。如果两者都买不到，也可自己制作，将糯米粉蒸熟后趁热过筛（冷却后会结块变硬不好过筛），放凉即可。

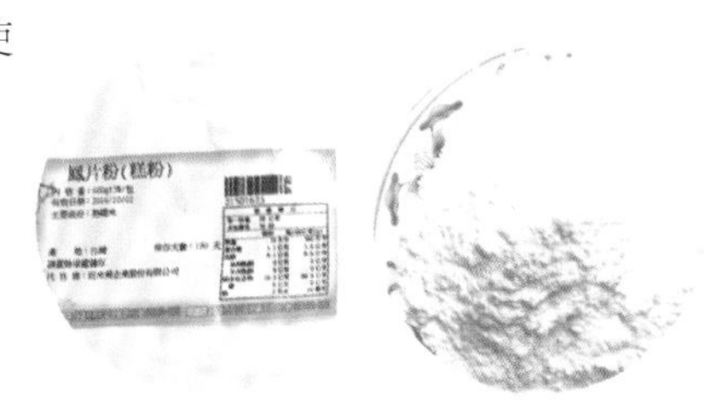

自制洗手粉

这是一种由小苏打、碱粉、烧明矾各按1/3的比例混合而成的环保清洁剂。不仅可以用来洗手，对于清洗油污也非常有效；连难清洗的烧煳黑垢也可以处理干净（水烧开后放入些许洗手粉浸泡1小时，视烧煳程度适当延长浸泡时间）。此外，可以在厨房操作台或厨具的油垢处，先喷点水再撒些许洗手粉，以干洗的方式涂抹后再用清水清洗，干净、不油腻。

碱粉

碱粉、碱油现已改名为“无水碳酸钠”，其色泽灰白、粉质粗松，呈海边细沙般的颗粒状。

臭粉

有一股很刺鼻的气味。其色泽亮白、粉质疏松，摸起来如同精制盐般的颗粒状。

烧明矾

性寒、味酸涩，具有解毒、杀虫、止痒、止血、止泻、清热、消痰的功效，也是制作油条的主要食品添加剂。

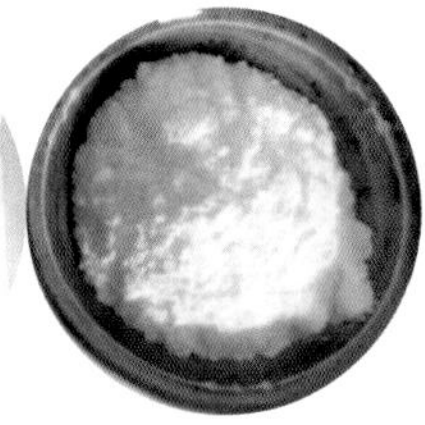

麦芽糖

市售的麦芽糖都含有玉米淀粉或土豆淀粉，这种麦芽糖无法制作麦芽多、糖少的食品，因为成分不够无法成形；只能用于制作麦芽少、糖多的食品（如花生糖、萨其马等），而且要将糖温提高3℃才可制作。

Tips

避免蚂蚁爬进糖清仔与糕仔糖的方法：

只要在煮好的糖清仔与糕仔糖锅底下垫一张餐巾纸，就可以防止蚂蚁进入。

第一章

糕饼

—◇—

不论是传统的西式糕饼——凤梨客气，还是有着朴实面香的鸡蛋糕、山东大饼，或是由喜饼大饼改良的海味月饼等，怀旧糕饼始终有着诱人的吸引力，美味永恒不变。

凤梨客气

酸酸甜甜的凤梨片使蛋糕别有一番滋味，
水果入馅，口感更加清爽。

材 料

发酵黄油	300克	蛋黄液	蛋黄3个、糖粉30克混合拌匀
炼乳	200克	凤梨片	
鸡蛋	2个		
低筋面粉	400克		

每个80克，
可制作12个

做 法

1 将低筋面粉过筛备用，在烤盘上摆好蛋糕百折纸模。

2 将发酵黄油切块，放于室温下融化。

3 在搅拌缸中放入切块的发酵黄油、炼乳一起打发。

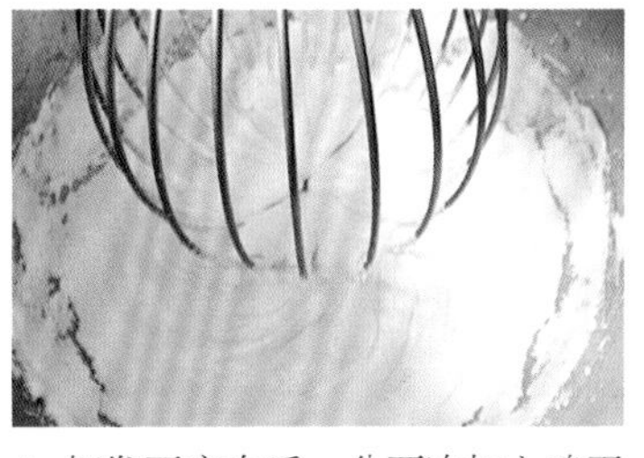

4 打发至变白后，分两次加入鸡蛋进行搅打，以防出水。

5 待所有鸡蛋全部放入后，加入低筋面粉继续搅拌，成为均匀的面糊。

6 将面糊装入裱花袋，挤入纸模的八成满，表面放上凤梨片。将烤盘放入烤箱，上、下火各180℃，烤20分钟，至蛋糕表面呈金黄色。取出烤盘，在蛋糕表面涂上蛋黄液，再放入烤箱烤5分钟，使糕体表皮光亮。

古早味鸡蛋糕

外形朴实、有着浓浓鸡蛋香的古早味鸡蛋糕是我最怀念的童年糕点。

材料

鸡蛋	300克	低筋面粉	180克
白砂糖	130克	色拉油	40克
盐	2克	牛奶	60克

每个32克，
可制作22个

做法

1 蛋糕模四周抹油备用。

2 将鸡蛋放入搅拌缸中略为打发，慢慢倒入白砂糖继续搅拌。

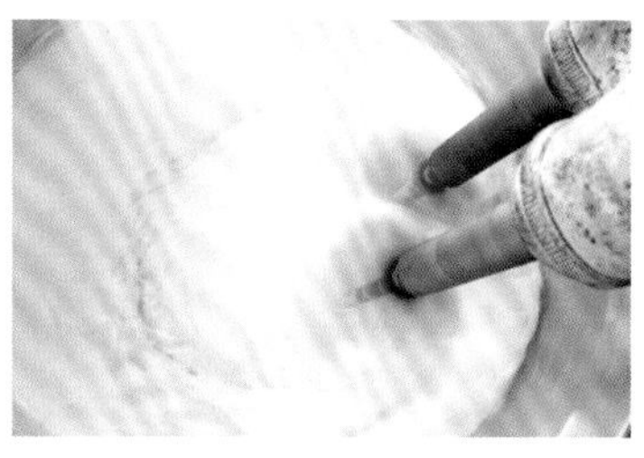

3 打至颜色发白，当大气泡变为小气泡，并且气泡变得绵密时，转为低速继续搅打，倒入低筋面粉搅拌均匀。

4 取出面糊放入盆中，倒入盐和牛奶拌匀，加入色拉油继续搅拌成蛋糕糊。用汤匙把蛋糕糊装入模具中，装至八成满。

5 上火180℃、下火200℃，烤8分钟至熟。

6 将鸡蛋糕趁热脱模，在室温下放凉。

芝麻喜饼

沾满芝麻的大饼，酥香而不腻，烘焙后香味扑鼻而来，是传统的台式喜饼中非常受欢迎的口味。

每个600克（油皮150克、油酥37.5克、内馅412.5克），可制作2个

材料

内馅

肥猪肉	170克
糖粉	150克
麦芽糖	60克
葡萄干	20克
奶粉	30克
猪油	40克
鸡蛋	1个
油葱酥	10克
白芝麻	10克
低筋面粉	200克
冬瓜条	70克
橘饼	30克

油皮

中筋面粉	160克
猪油	60克
糖粉	25克
水	60克

油酥

低筋面粉	50克
猪油	25克

装饰

生白芝麻

做法

制作内馅:

1 肥猪肉切小丁放入盆中，加入糖粉拌匀，冷藏两天，变成透明状备用。

2 将低筋面粉放入蒸笼，水烧开后用中火蒸15分钟，至表面有湿状及裂痕即为熟粉。将熟粉用锅铲搓起能成块且不会松垮，即可从蒸笼取出，并趁热用筛网过筛。

3 白芝麻、油葱酥用擀面杖碾碎。

4 葡萄干、橘饼、冬瓜条分别切成小丁，加入麦芽糖、猪油搅拌均匀。

5 再加入鸡蛋、白芝麻碎、油葱酥碎、肥猪肉丁、熟粉、奶粉拌匀作为内馅。并将内馅分成2团，每团约400克，搓圆备用。

制作油皮：

6 中筋面粉过筛后放在操作台上，并将中间挖空，放入糖粉、猪油拌均匀，分次加入水调和，再从旁拨入中筋面粉拌匀，成为油皮团。将油皮团分成2团，每小团约150克。

制作油酥：

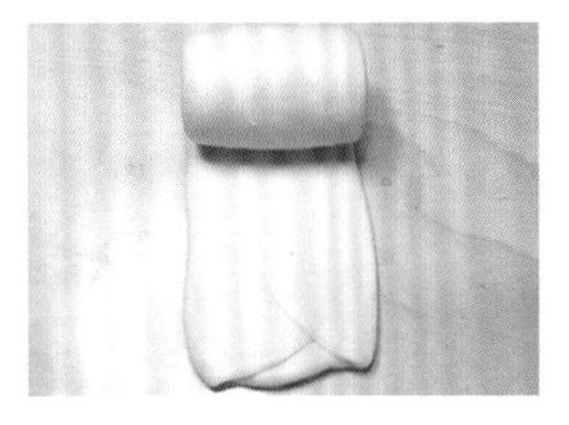

7 盆中放入油酥材料拌匀成油酥团，分成2团，每团约40克。在油皮小团中包入油酥团，成为油酥皮。用擀面杖将油酥皮擀长，从一头卷起再擀长，再次由上往下卷起。

8 用擀面杖把卷好的油酥皮擀圆，包入内馅压扁，放入圆模中收口朝上填满，为芝麻喜饼生胚。

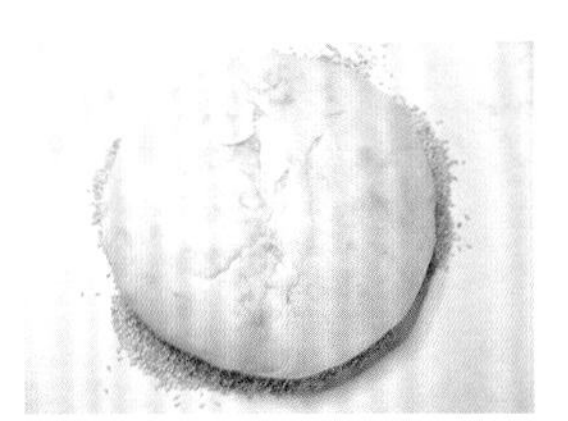

9 将芝麻喜饼脱模，表面朝下，涂上少量的水，放在铺满生白芝麻的烘焙纸上，用手压实，让喜饼表面均匀沾上芝麻。

10 沾有芝麻的一面朝下放入烤盘。将烤盘放入烤箱，上火150℃、下火180℃，烤15分钟，把烤盘转换方向再烤10分钟。

11 取出烤盘，将喜饼翻面，转上火130℃、下火150℃再烤10分钟。待芝麻喜饼表面略为膨胀即可取出。

象鼻子糕

外形似象鼻，里面包裹着枣泥馅，美味的糕点搭配俏皮的名称，着实有趣！

材 料

圆糯米	200克	枣泥馅	180克
水	150克	熟白芝麻	150克

每个45克，
可制作12个

做 法

1 将糯米洗净，浸泡1小时后滤干水分。

2 将滤干的糯米放入电饭锅中，加入水蒸成糯米饭。

3 糯米饭趁热用擀面杖捣至还残留些许米粒的状态，成为糯米团。

4 将放凉的糯米团分割成每个约30克的小团，包入15克枣泥馅，揉成圆球状，表面沾满白芝麻。

5 用大拇指与食指压入圆球两侧，做成象鼻子的形状。

6 冷藏1小时即可食用。

Tips

象鼻子的形状要捏成上小下大，鼻孔深入才会更像。

海味月饼

海味月饼的馅料独特又美味，是我国台湾省台南市盐水区一带特有的糕饼。

材料

内馅肉料

肥猪肉	135克
海米	75克
冬瓜条	60克
油葱酥	15克
熟白芝麻	15克
百草粉	3克

内馅皮料

低筋面粉	300克
糖粉	150克
麦芽糖	60克
鸡蛋	1个
猪油	45克

油皮

中筋面粉	200克
糖粉	50克
猪油	75克
热水	75克

表面

蛋黄	1个

油酥

低筋面粉	80克
猪油	40克

每个约76克（油皮20克、油酥6克、内皮30克、内馅20克），可制作20个

做法

制作内馅:

1 海米洗净，泡水膨胀后沥干水分备用。

2 肥猪肉切丁，冬瓜条切丁备用。

3 熟白芝麻、油葱酥用擀面杖碾碎。

4 盆中放入海米、肥猪肉丁、冬瓜丁、芝麻碎、油葱酥及百草粉混合拌匀。

制作皮馅:

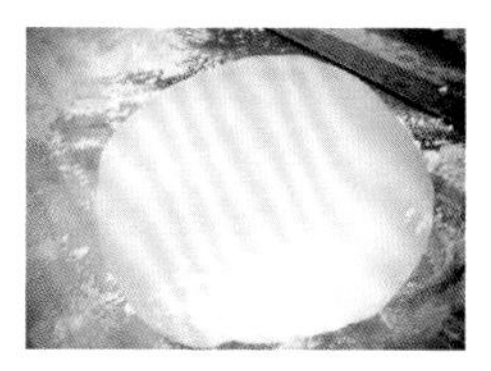

5 将低筋面粉过筛后放在操作台上，并将中间挖空。在挖空处放入麦芽糖、猪油拌匀，加入糖粉、鸡蛋，并从旁拨入低筋面粉拌匀成团，揉成光滑的皮馅。

6 将皮馅均匀分成20块，每块包入20克调好的内馅，揉成每个约50克的圆球备用。

制作油皮:

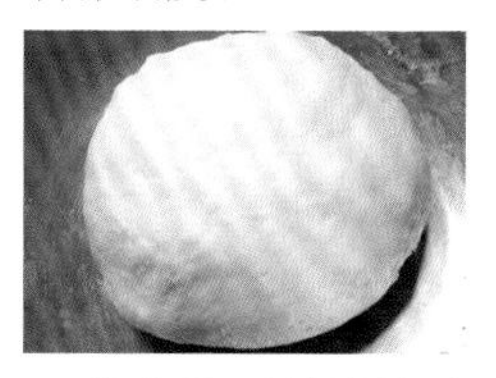

7 将中筋面粉过筛后放在操作台上，并将中间挖空。在挖空处放入糖粉、猪油拌匀，分次加入热水搅拌，并从旁拨入中筋面粉拌匀成团。

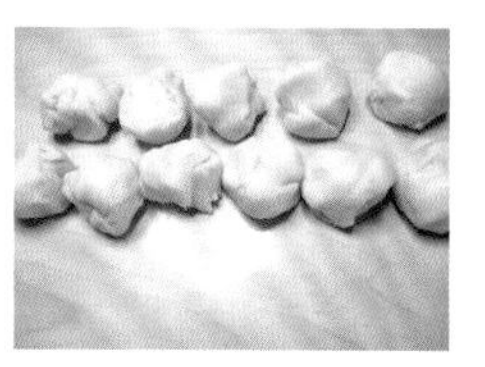

8 将油皮团揉至光滑，盖上保鲜膜，静置20分钟，分成每个20克的小团。

制作油酥:

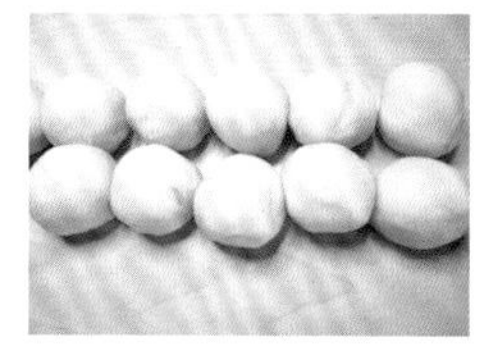

9 将油酥材料拌匀成团，分成每个6克的小团，约20个。在油皮中包入油酥成为油酥皮。

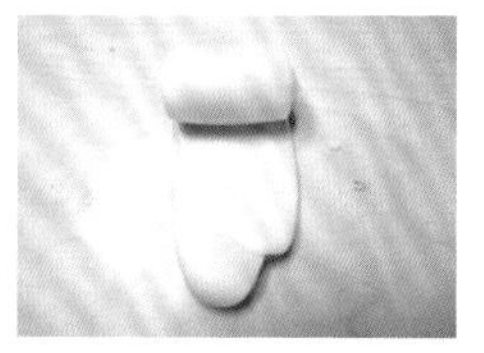

10 把油酥皮用擀面杖擀长，从一端卷起后再擀长，再次由上往下卷起。

11 将油酥皮擀圆，包入步骤6中揉好的圆球，成为月饼生胚。

12 圆模底部放少许香菜，将月饼生胚压入模具中，收口朝上填满。

13 完成后脱模放在烤盘中，将烤盘放入烤箱，上火150℃、下火180℃，烤15分钟。

14 取出后翻面，表皮涂上蛋黄液再放入烤箱，将温度转至上火130℃、下火150℃，烤10分钟，表面略为膨胀即可取出。

Tips

步骤5中若用糖粉与麦芽糖调和会较为粗糙；用猪油与麦芽糖调和则较为细腻。

金沙月饼

由早期订婚礼饼"咸味豆沙月饼"演变而来，口感酥松、入口即化、咸而不腻，千层的螺旋状外形，十分精致。

材 料

油皮材料

中筋面粉	170克
糖粉	10克
植物黄油	60克
水	60克
金黄奶酪粉	10克

油酥材料

低筋面粉	110克
猪油	55克

内馅材料

咸蛋黄	10颗
绿豆沙	440克
金黄奶酪粉	10克

装饰

彩色巧克力糖针

每个53克（油皮15克、油酥8克、内馅30克），可制作20个

做 法

制作内馅：

1 咸蛋黄用烤箱烤熟后，将其揉碎或用料理机打碎，用筛网过筛成咸蛋黄泥。

2 咸蛋黄泥加入金黄奶酪粉、绿豆沙揉匀，分成每个30克的小团备用。

制作油皮：

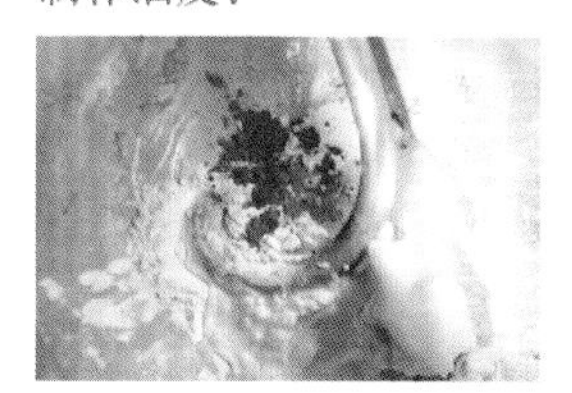

3 中筋面粉过筛后放入搅拌缸，再放入糖粉、植物黄油、金黄奶酪粉拌匀，分次加入水调和，揉成光滑的油皮团，盖上保鲜膜静置20分钟，分成每个15克的小团。

制作油酥：

4 将油酥材料揉成均匀的油酥团，分成8克一份的小团，共20份，在油皮中包入油酥成为油酥皮。

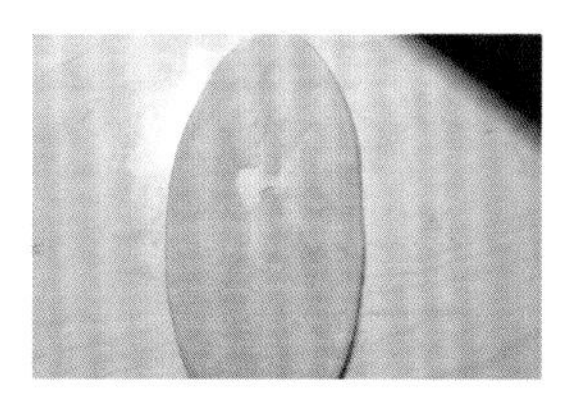

5 将油酥皮用擀面杖擀长，由上往下卷起。

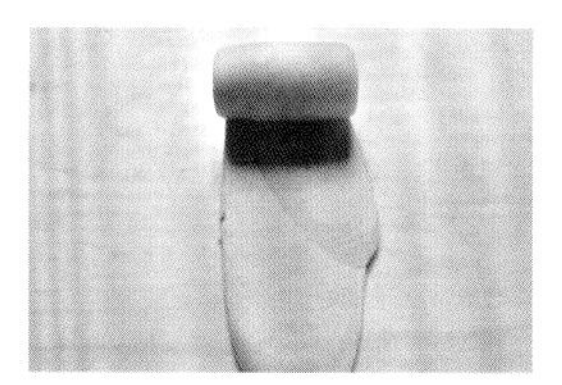

6 将卷好的油酥皮换个方向再擀长，由上往下卷起。

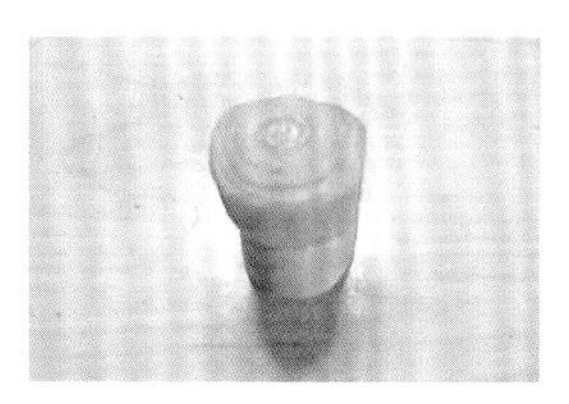

7 将卷好的油酥皮对半切开，两部分叠放在一起，有切口纹路的油酥皮朝外。

8 用手压扁油酥皮，由中间向外擀开。

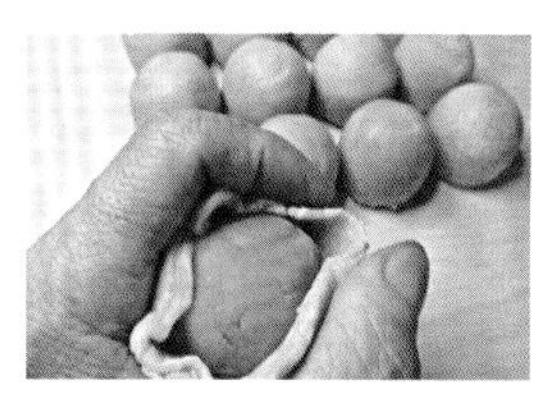

9 油皮包入内馅，收口捏紧。

10 放入圆模中，将有螺纹纹路的一面朝下，收口朝上，用手掌压平填满。

11 在表面撒少量彩色巧克力糖针，放入烤盘。将烤盘放入烤箱，上火150℃、下火170℃，烤15分钟。

山东大饼

经过长时间发酵后的大饼，变得柔软筋道，
又充满酒香及发酵香，更加可口。

材料

高筋面粉	1000克	糖粉	220克
酵母粉	16克	碱水	10克
水	560克		

3克碱粉与7克清水混合稀释，只取上层清水，下层沉淀物不用

每块700克
（可切成8小块），
可制作2块大饼

＊此篇食谱为平底锅版的制作方法

做法

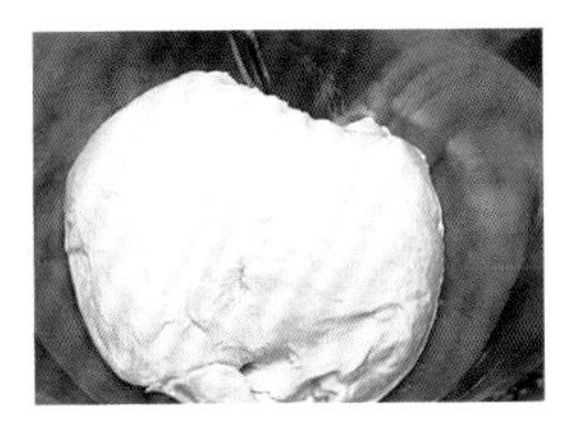

1 在盆中放入高筋面粉、酵母粉、水混合拌匀，揉成光滑的面团，盖上保鲜膜。

2 在室温下放置6小时（室温放置会使面团产生酸味，需加碱水，如冷藏可不加），加入糖粉、碱水，低速搅拌均匀再揉成面团。

3 将面团用橡皮刮刀分割成2份，每份900克，盖上保鲜膜，发酵20分钟。

4 将发酵好的面团拍扁，用擀面杖擀成直径30厘米、厚1厘米的大饼，在室温下静置20分钟，待其厚度膨胀到2厘米。

5 平底锅小火预热，放入大饼，先将光滑面朝下煎至金黄后翻面，盖上锅盖煎熟（厚度约3厘米），放凉后切成8块。

烤箱版

材料：
高筋面粉 750 克、酵母粉 10 克、牛奶 480 克、白砂糖 150 克、奶粉 50 克
做法：
1 将所有材料放入搅拌缸中拌成光滑的面团。
2 面团放置 2 小时后取出，排气（用手压出面团中的空气）。
3 将面团分割成 2 份，每份约 700 克，放入容器中盖上保鲜膜，再发酵 20 分钟。
4 将分割好的面团稍微拍扁，用擀面杖擀成直径 30 厘米、厚 1 厘米的大饼。
5 将大饼放入烤盘，光滑面朝下静置 40 分钟。
6 上火 160℃、下火 180℃预热烤箱，放入大饼，烤 8 分钟后翻面，再烤 7 分钟至熟。

冰皮月饼

无需烘烤就可直接食用，但保存期限较短，因此需要冷藏或冷冻保存。

材料

外皮

糖粉	150克
凉开水	200克
食用香蕉油	10克
糯米粉	200克
酥油	75克
土豆淀粉	少许

内馅

红豆沙	1200克

做法

1 将糖粉、凉开水、食用香蕉油放入搅拌盆拌匀，糯米粉蒸熟趁热过筛，晾凉后放入盆中混合均匀。

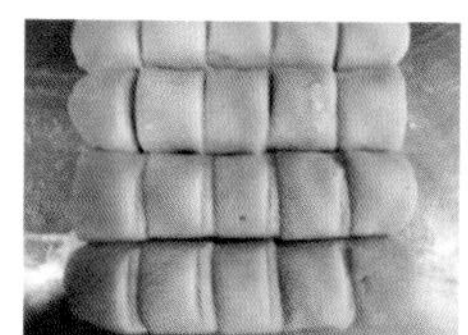

2 再加入酥油搅拌，静置20分钟后揉成光滑的面团，将外皮面团分割成每个30克的小团。

3 内馅分割成每个60克的小团，将内馅包入外皮。

4 月饼模撒上土豆淀粉，把月饼压入模子倒扣取出，放入冰箱冷藏30分钟。

第二章

松糕

过年过节、祭拜神明必备的松糕由糕仔粉、糕仔糖制成，有着吉祥、如意等美好寓意，是过去非常受人喜爱的糕点。其松软绵密、入口即化的温润口感令人回味无穷！

传统绿豆糕

松软绵密的绿豆糕，一口咬下，绿豆香气充满齿间，甜而不腻，非常爽口。

材 料

糯米粉	80克
绿豆粉	160克
香油	30克
糕仔糖	200克

每个15克，
可制作30个

做 法

1 糯米粉蒸熟（约15分钟）趁热过筛后放凉，与过筛好的绿豆粉混合拌匀倒在操作台上，将粉末中间挖空，放入糕仔糖拌均匀。

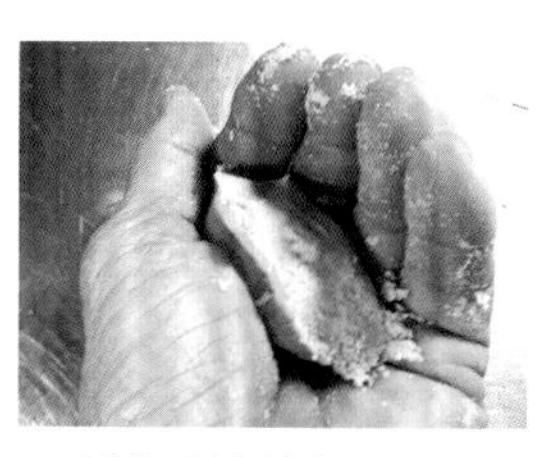

2 倒入香油拌匀至用手可捏成团为糕粉。

3 糕粉用筛网过筛，填入模具中压紧，去除掉多余的糕粉，倒扣脱模即可。

制作糕仔糖

材料：

白砂糖 1800 克、水 450 克

做法：

1 白砂糖、水放入锅中拌匀，开大火煮沸，锅中出现大气泡后转中火，用刷子轻刷锅边防止糖反砂，过程中气泡会慢慢变小且逐渐浓稠。

2 糖浆温度达 98℃时关火，或把糖浆滴入水中，当糖浆变成水软式的糖块，形似棉花时关火，静置 30 分钟至表面结冻。

3 在糖浆表面喷水，用锅铲轻拨会出现波纹，此时糖浆已成水麦芽状，趁热用锅铲由中间开始搅动。

4 糖浆颜色由黄变白后，继续搅动到完全变白、变软才能停止，否则会变成硬块。

5 待糖冷却后即可。

奶酪咸糕

在传统的咸糕中加入奶酪，增添了西点的风味，
中西方口味融合，带来意想不到的好滋味。

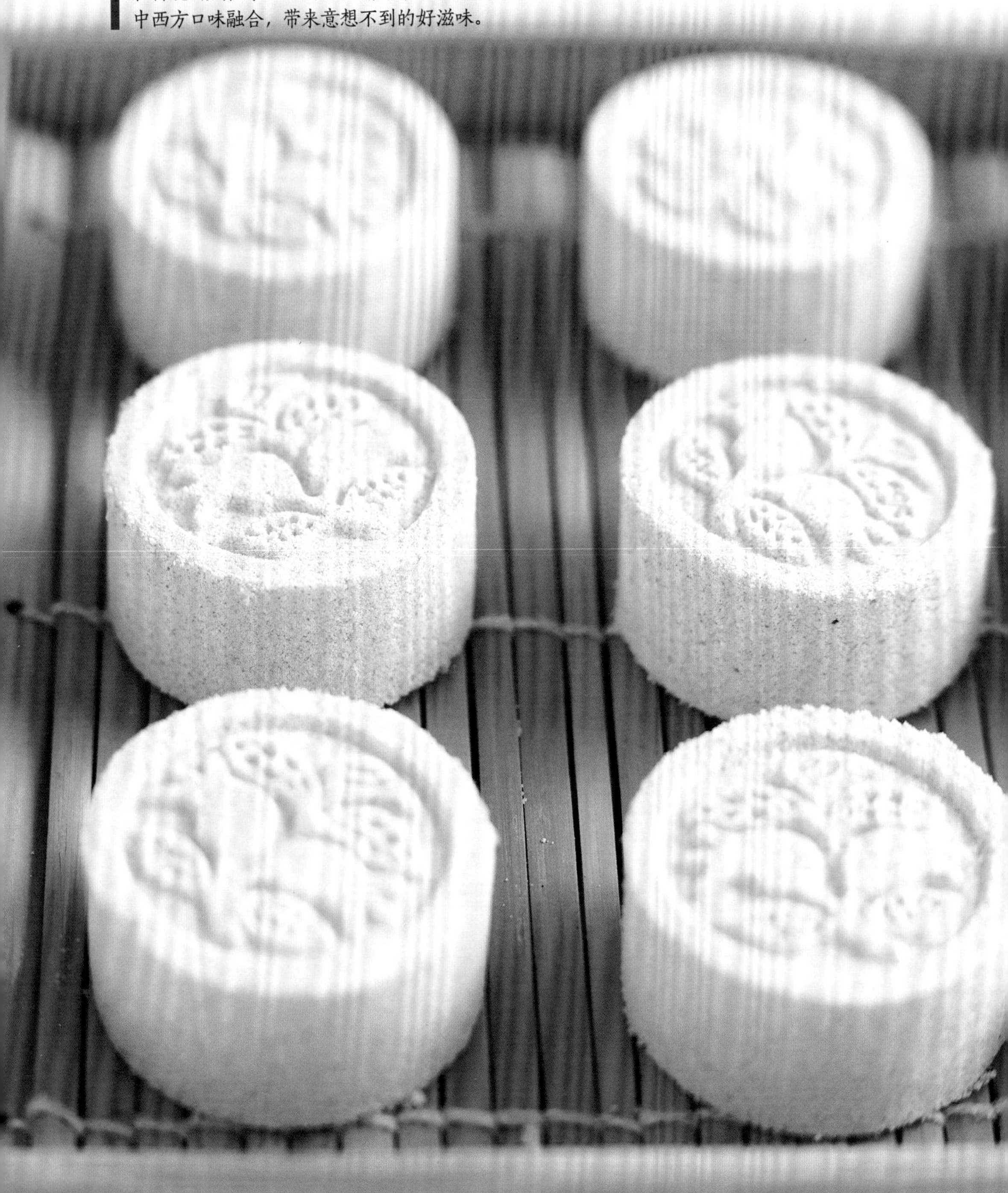

材 料

糯米粉	50克
糕仔糖	80克
金黄奶酪粉	3克
米酒	7克
盐	2克

做法详见第25页

每个约15克，
可制作9个

做 法

1 糯米粉蒸熟（约15分钟）后趁热过筛，晾凉后倒在操作台上，中间挖空。挖空处放入糕仔糖、盐、金黄奶酪粉、米酒，与糯米粉一同拌匀为湿粉。

2 用手将湿粉搓散，再用擀面杖将粗的颗粒擀细，放入筛网中过筛。

3 过筛后的湿粉可用手捏成团，即表示可以制作。

4 将过筛的湿粉填入印模中，压实去掉多余的糕粉，倒扣脱模即可。

Tips

金黄奶酪粉加米酒调匀，能使成品颜色更加明显。

原味甜糕

发财糕是早年极具喜气的点心之一，有“糕中状元”的吉祥寓意。

材 料

糯米粉	50克
糕仔糖	80克
盐	2克

做法详见第25页

每个约15克，
可制作8个

做 法

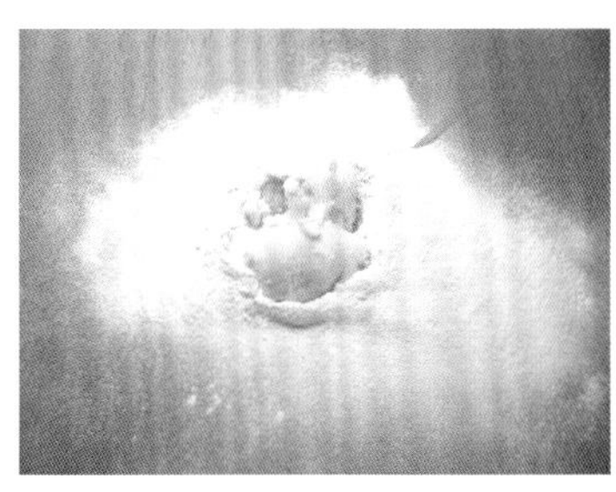

1 糯米粉蒸熟（约15分钟）后趁热过筛，晾凉后倒在操作台上，中间挖空。挖空处放入糕仔糖、盐，与糯米粉拌匀为湿粉。

2 用手将湿粉搓散，再用擀面杖将粗的颗粒擀细，放入筛网中过筛。

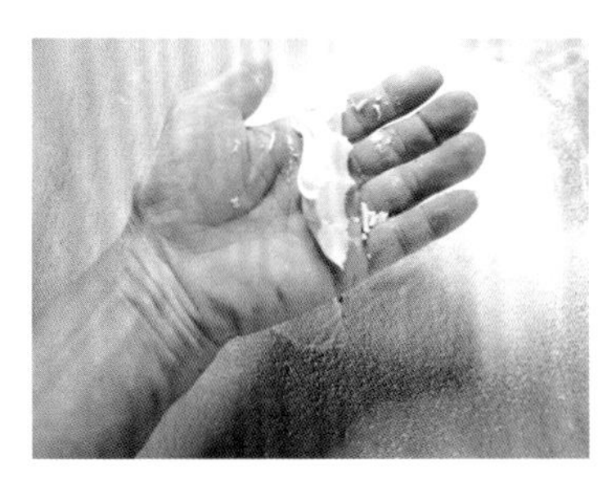

3 过筛后的湿粉可用手捏成团，即表示可以制作。

4 将湿粉填入印模中压实，去掉多余的糕粉，倒扣脱模即可。

核桃贵片糕

有湘绣般的细腻和纸片般的轻薄，也称为“贵片糕”。

材 料

糕仔糖 450克 做法详见第25页
糯米粉 250克
核桃 50克

可制作2盘
（长17厘米、宽10厘米）

做 法

1 核桃放入烤箱烤熟，放凉备用。糯米粉蒸熟（约15分钟）后趁热过筛，晾凉后倒在操作台上，放上糕仔糖，将糕仔糖与糯米粉揉均匀为湿粉。

2 用擀面杖擀开，放入筛网过筛。过筛后的湿粉可用手捏成团，即表示可以制作。

3 铁盘底部及四周铺上蒸笼纸，将湿粉铺入铁盘，先只铺一半，将其均匀铺开，再铺上烤熟的核桃。

4 上面再铺一层湿粉，并将表面抹平。

5 放入蒸笼，表面盖上两层白纸防止滴水，用小火蒸7分钟。取出后放于室温下冷却，用刀切成0.1厘米的薄片。

长年糕

菠菜象征长命百岁，长年糕由菠菜捣汁制作而成，寓意全家健康长寿。

材 料

糯米粉	50克
糕仔糖	80克
菠菜汁	10克
盐	1克

做法详见第25页

每个约10克，
可制作约13个

做 法

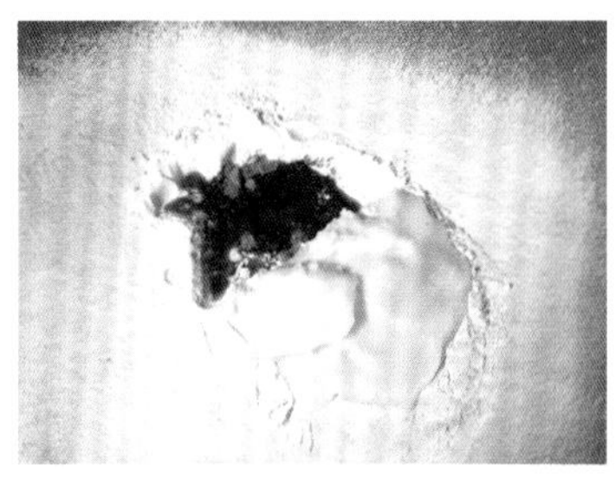

1 糯米粉蒸熟（约15分钟）后趁热过筛，晾凉后倒在操作台上，中间挖空，加入糕仔糖、盐、菠菜汁拌匀为湿粉。

2 用擀面杖将湿粉擀开，放入筛网过筛。过筛后的湿粉可用手捏成团，即表示可以制作。

3 将过筛后的湿粉填入印模，用手轻轻压平去掉多余的糕粉，倒扣脱模即可。

茯苓糕

以粳米粉制成的细致糕点，甜味清淡、口感松软，健康清爽无负担！

材 料

可制作1盘（长30厘米、宽20厘米、高5厘米）

茯苓粉	250克	糖粉	200克
粳米粉	600克	水	430克
糯米粉	300克	红豆沙	600克

做 法

1 茯苓粉、粳米粉、糯米粉、糖粉混匀过筛，放入盆中，加入水拌匀成湿粉。

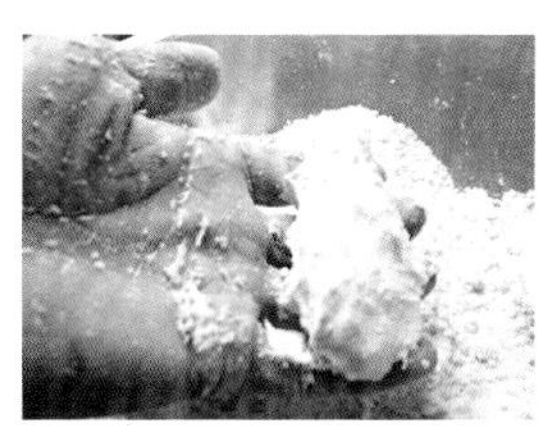

2 将湿粉用手掌拨散至完全松开。用细筛网过筛两次，捏成团即可。

3 取一长30厘米、宽20厘米、高5厘米的长方形铁盘，铺一层蒸笼纸。

4 将湿粉铺入铁盘中，先只铺一半，放入红豆沙，并将其压平。

5 再平铺上剩余的湿粉，在表面划几刀。放入蒸笼，表面盖三层白纸防止滴水。

6 先用中火蒸5分钟，再转小火蒸40分钟，插入牙签不粘即表示蒸熟。茯苓糕取出放凉，先用一块板将其倒扣，撕掉表面白纸，翻面后照划痕切割。

Tips

1. 茯苓糕不能蒸太久，否则成品会萎缩，放凉后会变硬。
2. 蒸之前在表面划几刀让其透气，更易熟透并且放凉后容易切割（因为冷却后有韧性不好切，只能照之前的划痕切割）。

自制红豆沙

材料：

红豆 600 克、白砂糖 200 克

做法：

1 红豆洗净浸泡 4 小时，滤干水分。

2 放入电饭锅中，加入 600 克水将红豆煮熟（如还不熟可加 600 克水再煮一次），红豆煮至能被捏碎即可取出。

3 在煮熟的红豆中，加入 200 克白砂糖，待糖融化煮至收汁后关火，放凉即可。

钵仔糕

嘴馋时来上一块，米香与红豆香扑鼻而来，真是令人怀念的好味道！

材料

地瓜淀粉	20克
粘米粉	120克
二砂糖	120克
水	630克
红豆	30克

每碗约100克，可制作8碗

做法

1 红豆洗净用水浸泡4小时，滤干水分。锅中放入红豆、100克水，煮至红豆变软（用手可以捏碎）且有明显颗粒即可。

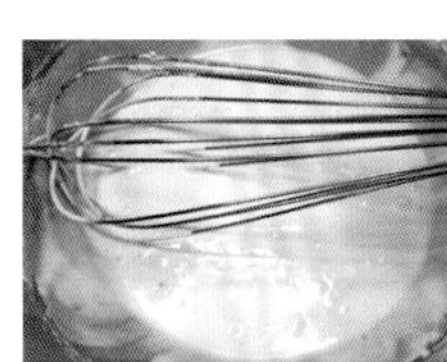

2 将地瓜淀粉、粘米粉混合均匀后过筛，放入碗中，加入170克水搅拌成粉浆。

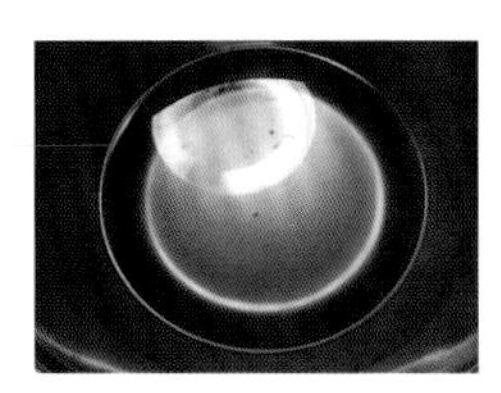

3 另取一锅，倒入二砂糖、360克水煮开，趁热倒入粉浆中。

4 将瓷碗放入蒸笼中蒸热（约3分钟），将粉浆倒入碗中，倒八成满，并在上面放上些许红豆，大火蒸30分钟，插入牙签测试是否蒸熟，如不粘即可取出。

第三章

酥饼

制作酥饼最关键的就在于油酥与油皮的搭配，只有完美的比例才能烘烤出外皮酥香、内馅厚实、口感丰富的酥饼。不论是甜而不腻的黄油酥饼，还是有着百年历史的继光饼、香妃酥，品尝一口都令人回味无穷。

姜酥饼

既能补充体力又养生的姜酥饼，外皮香脆、入口即化，是一道元气满满的糕饼。

材料

中筋面粉	1200克	酵母粉	3克
土豆淀粉	600克	姜黄	20克
白砂糖	250克	水	400克
鸡蛋	6个	植物黄油	150克

每个约750克，
可制作4个

做法

1 将所有材料放入搅拌缸中拌匀，转中速继续搅拌，拌至面团光滑不粘缸。取出面团盖上保鲜膜，静置40分钟。

2 将面团分割成4份，分别用擀面杖擀成薄薄的面皮。取一片面皮放在操作台上，从中间切成两段再擀薄。

3 取4厘米宽的板子，将面皮切成相同宽度，去掉四周多余的面皮。

4 用滚轮刀在面皮上划直刀，每刀间距约0.2厘米。

5 将划了直刀的面皮放在中空蛋糕盘中绕圈。

6 另取一片面皮，重复步骤4、步骤5，底部绕完后，将面皮放入蛋糕模中。

7 将蛋糕模放入烤箱，上、下火各150℃，烤50分钟，关火后闷10分钟。

8 取出姜酥饼，脱模后放凉。

Tips

师傅在制作这道糕饼时加入了烧明矾、苏打粉、泡打粉等食品添加剂，为了吃起来更健康，本食谱中去掉了所有的添加剂，改用少许酵母粉取代添加剂带来的蓬松感。

干贝饼

有着筋道的口感及漂亮的造型，因外形似干贝而被称为干贝饼。

材 料

糯米粉	160克	白砂糖	80克
绿豆粉	40克	土豆淀粉	适量
温水	160克		

每条长约20厘米、直径4厘米（切成0.5厘米的厚片，总共可切80片），可制作2条

做 法

1 将糯米粉、绿豆粉混合后过筛，放入盆中，加入温水拌匀揉成面团。

2 将面团分成5块放入蒸笼内，大火蒸15分钟，取出后趁热揉成面团。

3 将揉好的面团再分成5块，蒸20分钟。

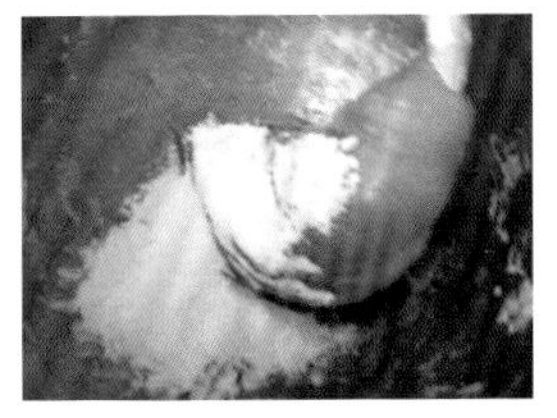

4 取出面团放入搅拌缸，趁热分次加入白砂糖搅拌均匀，将面团放在铺了土豆淀粉的操作台上。

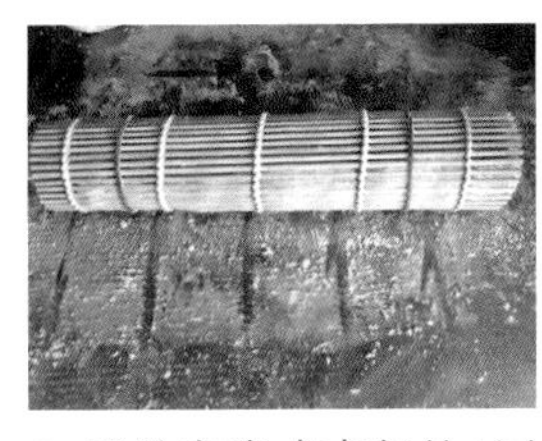

5 用竹帘卷成直径约4厘米的圆柱，冷冻20分钟。

6 取出冻好的面团放置片刻，切成0.5厘米厚的薄片。

Tips

步骤6将面团放在铺了土豆淀粉的操作台上，也可用擀面杖将其擀成1厘米厚的面皮，再用带齿印的圆模印出锯齿圆形。

芝麻一口酥

含在嘴里满满的芝麻香，是我小时候最喜欢的零食之一。

材料

低筋面粉	150克	芝麻粉	15克
糖粉	70克	黑芝麻	少许
植物黄油	60克	蛋液	适量
牛奶	20克		

每个8克，
可制作38个

做法

1 盆中放入糖粉、植物黄油拌匀，倒入牛奶继续拌匀。

2 加入芝麻粉、低筋面粉拌成面团。

3 将面团放在操作台上，用擀面杖擀成约2厘米厚的长方形面皮。

4 用圆孔模具印在面皮上，做成圆形面团。

5 将圆形面团摆入烤盘，表面涂上蛋液，撒上黑芝麻。

6 上火200℃、下火180℃预热烤箱，温度达到200℃时放入芝麻面团烤8分钟，烤至表面金黄即可。

香妃酥

相传原名为贵妃酥（唐朝杨贵妃的最爱），后因内馅材料不同而改名为香妃酥。

材 料

油皮

中筋面粉	170克
糖粉	10克
植物黄油	65克
水	65克

油酥

低筋面粉	70克
猪油	35克

内馅

糖粉	150克
植物黄油	125克
奶粉	50克
椰蓉	100克
土豆淀粉	175克

每个约50克
（油皮15克、油酥5克、内馅30克），
可制作20个

做 法

制作内馅:

1 将糖粉、植物黄油放入搅拌缸中打发，加入椰蓉、土豆淀粉、奶粉拌匀成内馅，分成约30克的小团。

制作油皮:

2 中筋面粉过筛后倒在操作台上，中间挖空，放入糖粉、植物黄油拌匀。分次加入水调和，从旁拨入中筋面粉揉成光滑的面团。

3 盖上保鲜膜静置20分钟，再分割成每团约15克的小团。

制作油酥:

4 将低筋面粉和猪油拌匀成团，分成20个小团，每团约5克。将油皮包入油酥即为油酥皮。

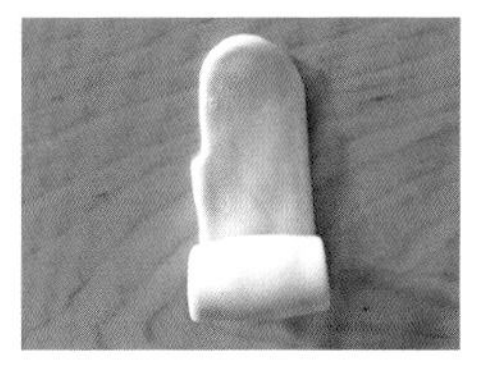

5 油酥皮用擀面杖擀长，从下往上卷起，转向再擀长，从下往上卷起。

6 卷好的油酥皮用手轻轻压扁由中间向外擀开，包入内馅并将收口捏紧。

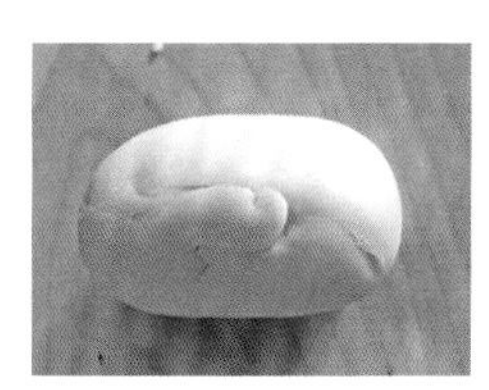

7 捏紧后搓成圆柱体。

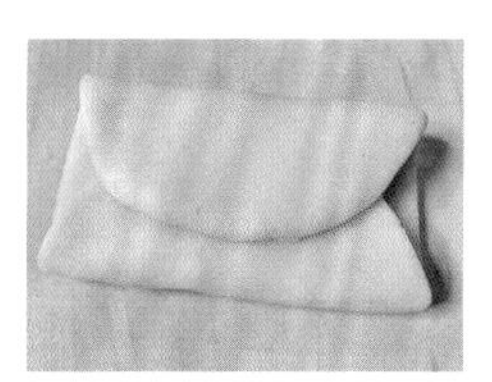

8 由中间向两端擀开，翻面收口朝上，用手折成三折。

9 在表面刷一层水，沾上椰蓉，表面朝上，收口朝下摆入烤盘。

10 将烤盘放入烤箱，上火170℃、下火150℃，烤15分钟。

杏仁酥饼

类似桃酥口感的杏仁酥饼，台湾、香港、澳门各有不同做法，在这里详细介绍香港、澳门的制作方法。

材料

糖粉	200克	南杏仁	100克
猪油	300克	腰果	80克
鸡蛋	1个	低筋面粉	600克

每个35克，
可制作38个

做法

1 先将南杏仁、腰果放入烤箱，上、下火各170℃，烤15分钟，冷却后放入料理机搅碎。

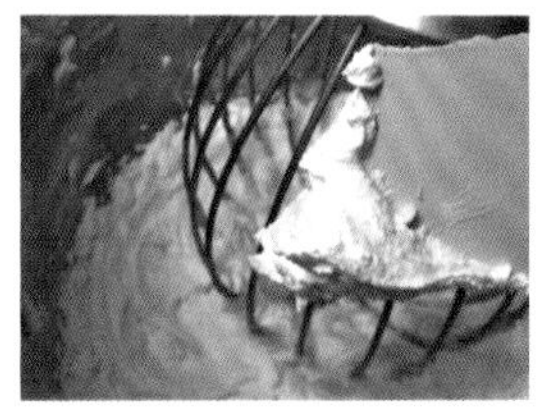

2 搅拌缸中放入糖粉、猪油，打发至白色状。

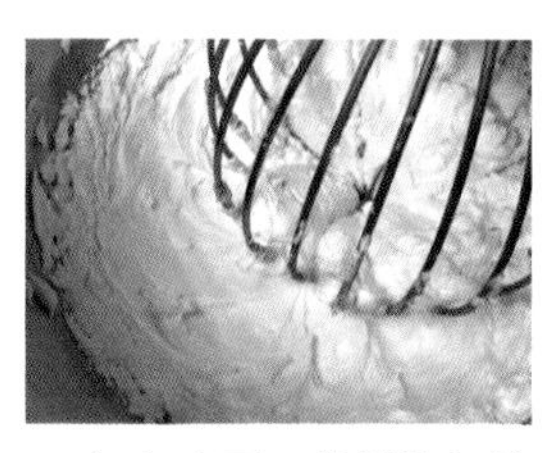

3 加入鸡蛋，将搅拌机转为3档继续搅拌，打发至鲜奶油状。

4 加入搅碎的甜杏仁、腰果，低速搅打均匀。

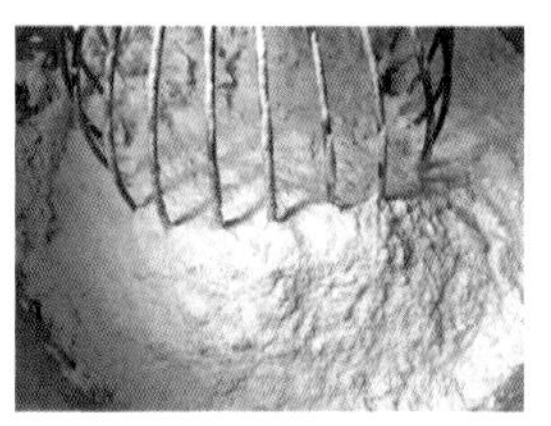

5 倒入低筋面粉拌匀呈湿粉状（手捏可成团），放在操作台上揉成均匀的杏仁面团。

6 取出印模，填入杏仁面团压平，去掉多余的面粉后倒扣入烤盘。

7 将烤盘放入烤箱，上、下火各180℃，烤15分钟，待杏仁酥饼呈焦糖色即可取出。

Tips

此道杏仁酥饼中不含任何食品添加剂，健康的原料呈现原味。在制作时必须将材料彻底打发，才能确保成品的酥、松、脆。

继光饼

品尝一口，越嚼越有劲，面香与芝麻香充盈在唇齿之间。

材 料

中筋面粉	600克	盐	6克
白砂糖	140克	植物黄油	60克
水	280克	白芝麻	适量
干酵母	8克	鸡蛋	1个

每个约70克，
可制作约15个

做 法

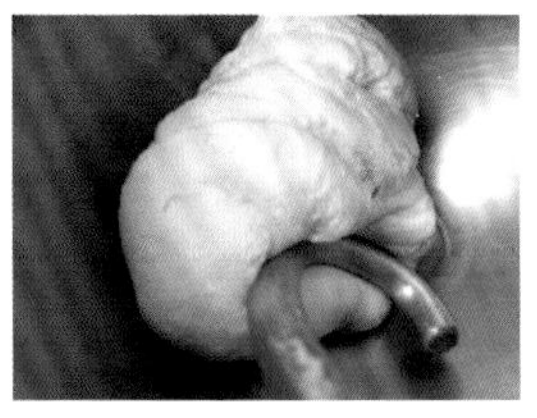

1 将除了白芝麻和鸡蛋以外的所有材料放入搅拌缸中拌匀，成为面团。

2 将面团放在操作台上，用手揉至光滑、不黏手。

3 将面团盖上保鲜膜静置30分钟。

4 取出面团用手轻轻拍扁，用擀面杖擀成约1.2厘米厚的面皮。

5 用甜甜圈压模在面皮上压成中空的圆形。

6 将剩余面皮再揉成团，分割成每个70克的面团，搓成长条状，绕一个圆圈。

7 将面团静置20分钟，放入烤盘，表面涂上蛋液，沾上白芝麻。将烤盘放入烤箱，上火180℃、下火150℃，烤15分钟。

豆渣饼

利用豆渣做成的可口点心，是记忆中妈妈的味道。

材料

黑糖	70克	奶粉	50克
蜂蜜	30克	鸡蛋	1个
水	50克	豆渣	200克
黄油	70克	低筋面粉	300克

每个50克，
可制作16个

做法

制作黑糖蜜：

1 将黑糖与蜂蜜倒入锅中，小火煮至黑糖融化，关火放凉备用。搅拌缸中放入奶粉、黄油、豆渣搅拌均匀，倒入黑糖蜜拌匀。

2 加入鸡蛋、水拌匀，最后加入低筋面粉搅拌成豆渣面团。

3 将豆渣面团放在操作台上，用擀面杖擀成0.7厘米厚的面皮。

4 用直径3厘米的圆模印出圆饼。

5 再用直径1厘米的圆孔在中间印出小圆形。

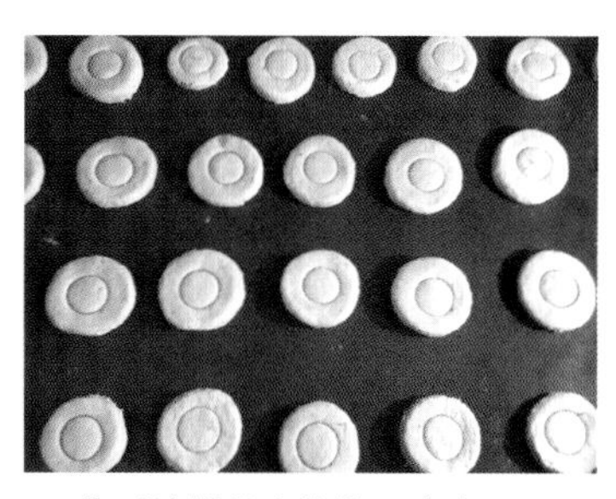

6 将豆渣饼放入烤箱，上火180℃、下火150℃，烤12分钟。

香椿小饼

一道以香椿入馅的糕饼，让人吃进嘴里，甜在心底。

每个45克（油皮10克、油酥5克、内馅30克），可制作70个

材料

油皮

中筋面粉	360克
猪油	135克
糖粉	70克
水	135克

油酥

低筋面粉	240克
猪油	120克

表面

蛋黄	1个

内馅

绿豆仁	600克	熟白芝麻	80克
花生油	150克	香椿	80克
白砂糖	200克	咖喱粉	20克
素肉臊	300克		

做法

制作内馅:

1 绿豆仁洗净，泡水1小时，待膨胀后滤干水分，加适量水放入电饭锅煮熟（手指可捏碎绿豆仁）。

2 将煮熟的绿豆仁趁热用粗网过筛。

3 放入锅中炒干，成为绿豆沙。

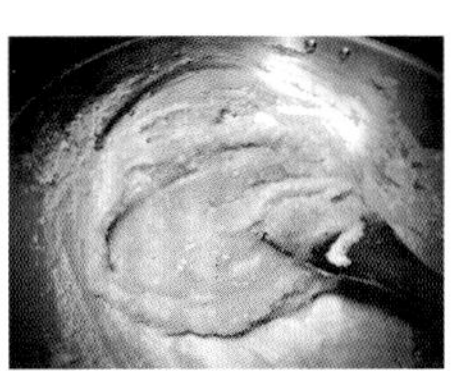

4 先取一半绿豆沙，加入白砂糖搅拌均匀至砂糖融化，加入花生油继续搅拌至略为收汁。

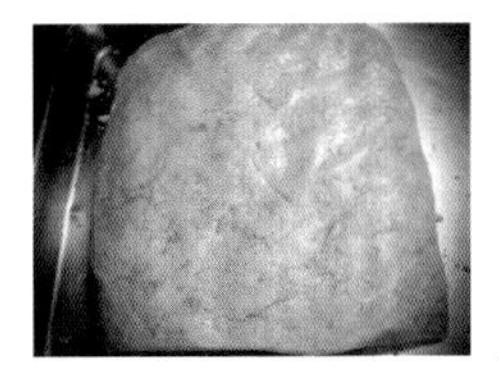

5 加入剩余的绿豆沙拌成绿豆馅，放入盘中，表面涂上花生油防止风干。

6 在炒锅中放入少许花生油热锅，加入切碎的香椿炒香，放入素肉臊、熟白芝麻、咖喱粉拌炒均匀。

7 将绿豆馅倒入炒锅，再次拌炒均匀为内馅。

8 取出内馅，放于室温下晾凉，分割成70个小团（每个约30克）。

制作外皮:

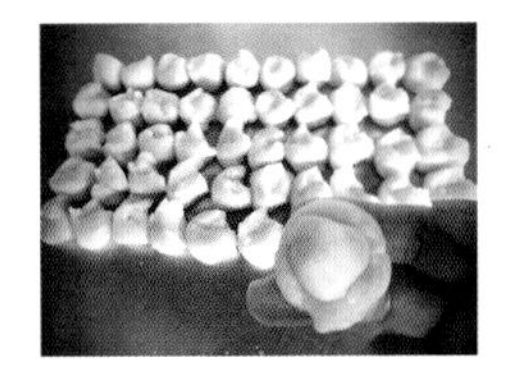

9 中筋面粉过筛后放在操作台上，将中间挖空，放入糖粉、猪油拌均匀，分次加入水调和，从旁拨入面粉拌成团，成为油皮。油酥材料拌匀成团。

10 将油皮和油酥团各分成35个小团，在油皮中包入油酥成油酥皮。

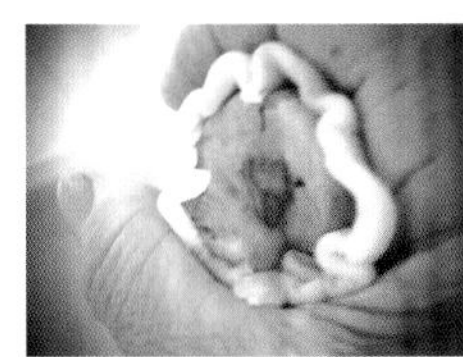

11 将油酥皮擀长，叠成三折再擀长，由上往下卷起，再从中间对半切成2个。将切半的油酥皮擀圆，分别包入内馅，用手压扁，盖上红印章。

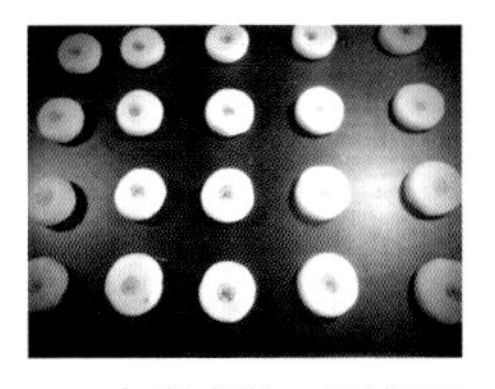

12 有印章的一面朝下放入烤盘，上火150℃、下火180℃，烤15分钟。将饼翻面，表面涂上蛋黄液，再烤5分钟后取出。

竹堑饼

这道百年前由台湾新竹市城隍庙崛起的糕饼，油亮的外皮搭配鲜香的内馅，至今仍广受游客喜爱。

材 料

表皮

中筋面粉	200克
猪油	60克
糖粉	50克
鸡蛋	1个

表面

蛋黄	2个
酱油	5克
水	2克
熟白芝麻	适量

每块90克（表皮30克、内馅60克），可制作12块

内馅

肥猪肉	150克	熟粉	100克
冬瓜条	150克	奶粉	50克
糖粉	30克	鸡蛋	1个
猪油	60克	白芝麻	30克
麦芽糖	40克	油葱酥	20克

做法详见第12页

做 法

制作表皮：

1 取一容器，放入表皮材料，混合成均匀的面团，将面团分割成小块，每块约30克。

制作内馅：

2 肥猪肉切丁与糖粉拌匀。冬瓜条切丁，泡水约1分钟，减少其糖分。另取一容器，放入内馅材料混合拌匀，取出内馅分割成块，每块约60克。

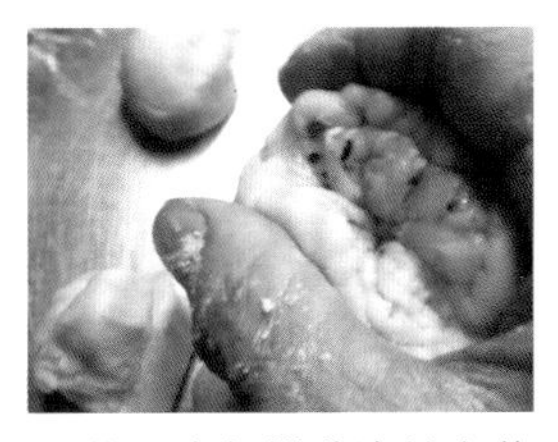

3 模具底部撒些许熟白芝麻备用。取一表皮面团用手轻轻压扁，包入内馅，收口朝下，底面沾水放入模具中压扁。

4 取出竹堑饼放进烤盘，沾有芝麻的一面朝下，朝上的一面涂上蛋黄液。

5 放入烤箱，上火170℃、下火180℃，烤20分钟，烤至饼皮边缘酥硬即可。

黄油酥饼

皮酥馅软、甜而不腻的黄油酥饼，大人小孩都喜欢。

每个60克
（油皮35克、油酥10克、内馅15克），
可制作20个

材料

油皮		油酥		内馅	
中筋面粉	400克	低筋面粉	140克	熟粉	150克
植物黄油	120克	植物黄油	60克	糕仔糖	90克
开水	120克			植物黄油	50克
冷水	60克			鸡蛋	1个

做法详见第12页

做法详见第25页

做法

制作油酥：

1 低筋面粉放入锅中蒸熟，趁热过筛，与植物黄油搅拌均匀，分割成小块，每块约10克。

制作油皮：

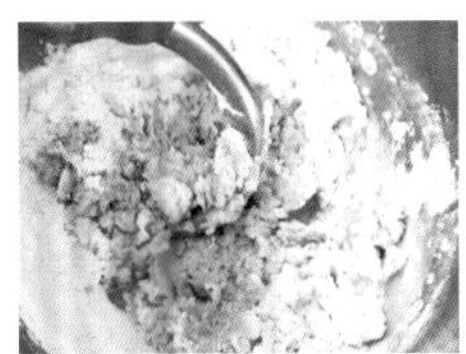

2 搅拌缸中放入中筋面粉及植物黄油拌匀后，倒入开水搅拌均匀，再加入冷水，低速搅拌混合，再转至中速，拌成光滑的油皮面团。

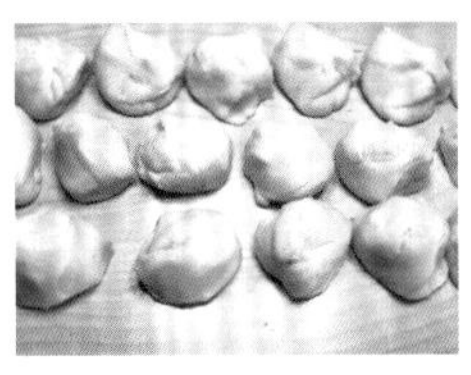

3 将油皮团放于室温下静置20分钟，分割成小块，每块约35克。

制作内馅：

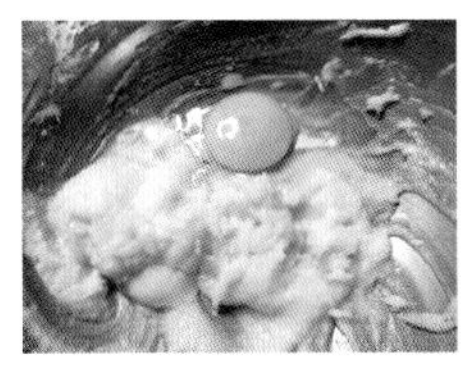

4 糕仔糖放入搅拌缸中，加入植物黄油拌匀，再放入鸡蛋低速拌匀，加入熟粉继续搅拌均匀。

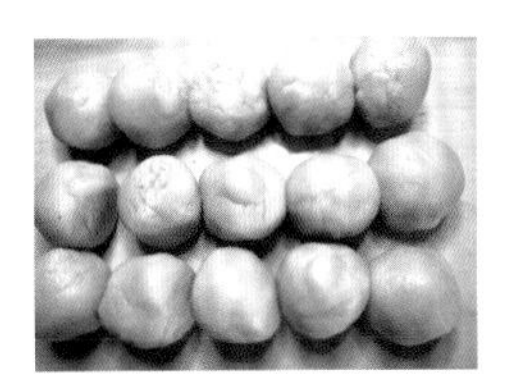

5 将内馅放于室温下静置20分钟，分割成小块，每块约15克。

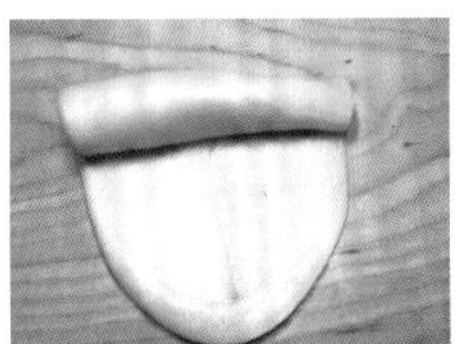

6 取一块油皮包入油酥稍微压扁，用擀面杖擀成长条形，由上而下卷起，再擀成长条状，由上而下卷起。

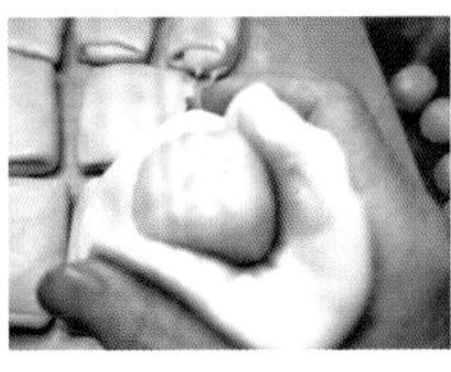

7 卷起后擀成圆形，包入内馅。

8 再擀成直径12厘米、厚3厘米的圆形为黄油酥饼面团。

9 将酥饼面团摆入烤盘，表面戳洞防止膨胀。

10 将烤盘放入烤箱，上火170℃、下火150℃，烤10分钟，待表面凸起后翻面再烤5分钟即可。

Tips

1. 油皮与内馅的软硬度一致才容易制作，大概与凤梨酥的软硬程度相同。
2. 本配方以开水制作，可使表皮不易掉落。

红豆小饼

曾经风靡一时的红豆小饼是我小时候最常吃的零食，物美价廉，非常受欢迎。

材料

糖清仔	80克	低筋面粉	150克
麦芽糖	30克	红豆馅	160克
牛奶	20克	蛋黄	1个

每个18克，
可制作24个

做法

1 盆中倒入糖清仔和麦芽糖搅拌均匀，再加入牛奶搅拌，放入低筋面粉拌成面团。

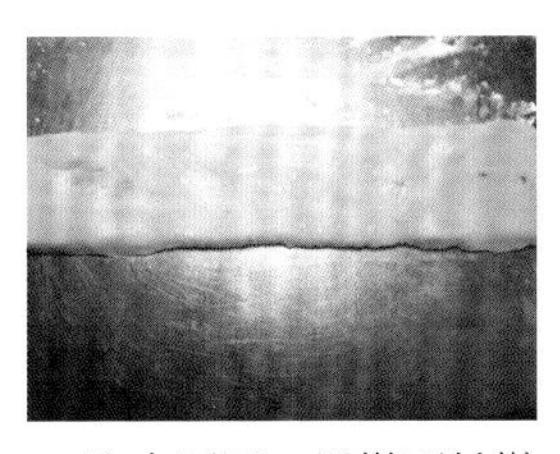

2 取出面团，用擀面杖擀成约5厘米厚的长方形面皮。

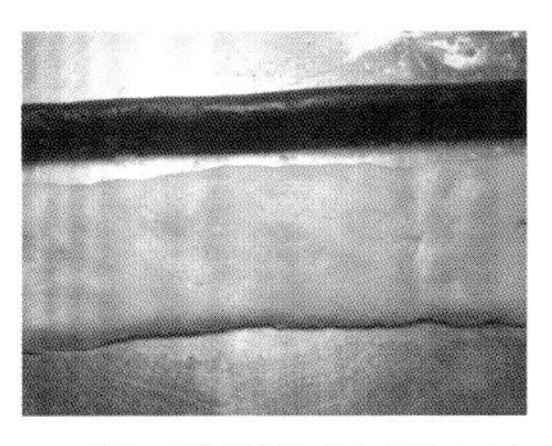

3 将红豆馅搓成与面皮长度相同的长条。

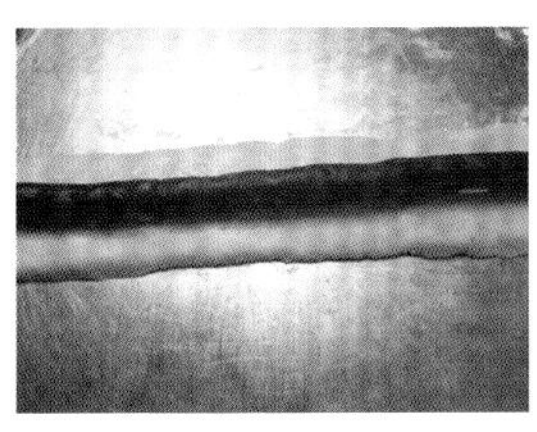

4 将红豆条放在面皮上，包进面皮中，再滚圆搓成长条状，为红豆饼面团。

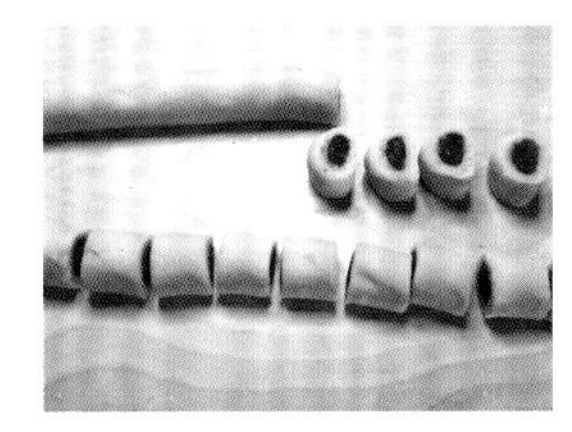

5 将红豆饼面团切成约1.5厘米宽的块状。

6 将切好的红豆饼面团摆入烤盘中，表面刷上蛋黄液。

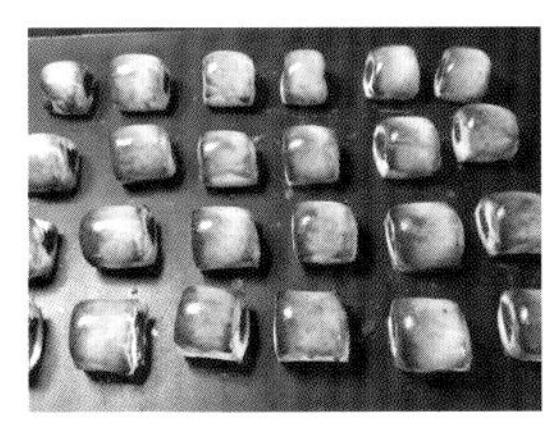

7 将烤盘放入烤箱，上火200℃、下火180℃，烤8分钟，至表面金黄即可。

脆皮泡芙

脆皮泡芙盛行于20世纪70年代，传承至今，内馅变为鲜奶油，表面则多了一层脆皮。

材 料

泡芙外皮	
水	100克
牛奶	100克
猪油	150克
鸡蛋	5个
高筋面粉	50克
低筋面粉	100克

内馅	
白砂糖	55克
低筋面粉	15克
玉米淀粉	15克
鸡蛋	1个
黄油	20克
牛奶	200克
淡奶油	500克

脆皮	
无盐黄油	200克
糖粉	100克
低筋面粉	230克

每个约75克（外皮20克、脆皮20克、内馅35克），可制作24个

Tips

鸡蛋的使用量可以视面糊软硬度增减，如果泡芙外皮的面糊太硬，可再加入一两个鸡蛋搅拌，呈刚搅拌完的卡仕达酱状态。

做 法

制作泡芙外皮：

1 锅中倒入牛奶、猪油、水，开大火煮沸，至牛奶冒出大气泡。转小火加入已过筛的高筋面粉、低筋面粉搅拌成均匀的面团后关火。

2 将面团放入搅拌缸中，先低速搅拌，再慢慢加入鸡蛋搅拌成浓稠的面糊，填入装有圆嘴大孔的裱花袋中。

3 将面糊挤入烤盘中。

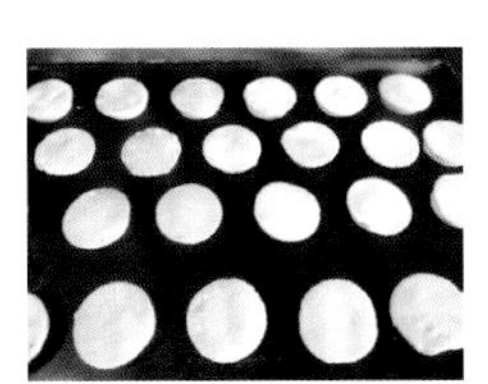

4 将脆皮材料混合拌成团，搓成直径6厘米的圆柱体，放入冰箱冷冻变硬。冻好后，切成0.5厘米的厚片盖在泡芙面糊上。

5 将挤好的泡芙放入烤箱，上火170℃、下火160℃，烤27分钟至熟透定形。

制作内馅：

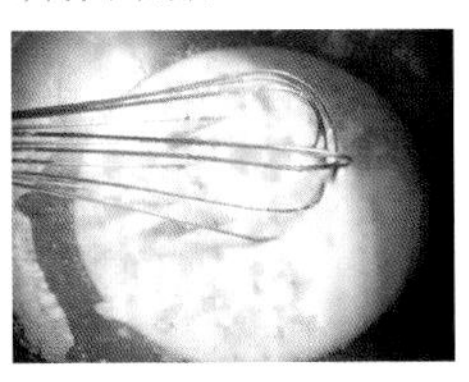

6 低筋面粉、玉米淀粉过筛后放入盆中，加入黄油、白砂糖、鸡蛋拌匀，倒入牛奶继续搅拌成液体。

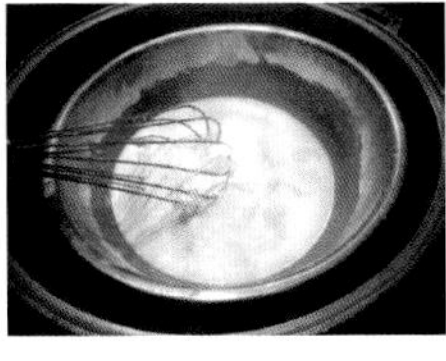

7 锅中放少量水煮开，将步骤7中拌好的液体隔水加热，煮至浓稠，冷却备用。搅拌缸中放入淡奶油，高速打至中性发泡。将部分打发好的淡奶油与冷却的液体拌匀，再倒回剩余的淡奶油里搅拌均匀，即卡仕达奶油馅。

组合：

8 取出烘烤完成的泡芙外皮，冷却后从侧面中间切半（不要切断），填入卡仕达奶油馅。

状元饼

状元饼可以说是饼中之王，过去的状元饼里面包有5种馅，象征着五福临门、五子登科。

材料

外皮

低筋面粉	938克
植物黄油	225克
转化糖浆	700克
蛋液	适量

内馅

香菇	38克
海米	75克
红葱头	100克
猪油	100克
猪肉馅	600克
盐	少许
味精	少许
五香粉	8克
熟白芝麻	38克
绿豆沙	3000克
咸蛋黄	30个

每份600克，共10份

做法

制作内馅：

1 香菇切片、海米洗净泡水至膨胀后沥干，红葱头去头、去根洗净切碎备用。

2 锅中放入猪油，用大火煮至融化，转中火放入红葱头碎炸至金黄后关火取出。

3 放入香菇炒香后，放入猪肉馅炒至半熟，放入海米、盐、味精、五香粉炒熟后取出。

4 将熟白芝麻、红葱头碾碎，与步骤3的备料拌匀后冷却，加入560克绿豆沙混合均匀，分割成每个150克的小团，为肉馅。

制作外皮与组合：

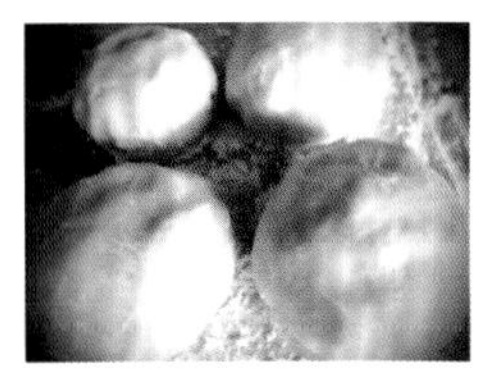

5 将剩余的绿豆沙分成每个260克的小团，分别包入肉馅、3个咸蛋黄搓圆。

6 将过筛后的低筋面粉中间挖空，加入植物黄油、转化糖浆拌匀后，拌入2/3的低筋面粉，静置2小时。

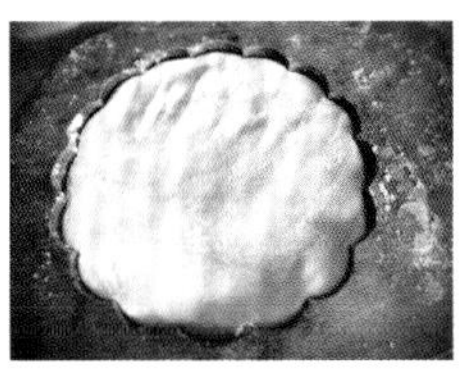

7 调整面团的软硬度，如太软可加入剩余面粉，如软硬度刚好，可将剩余面粉用来防粘，将面团分割成每个约200克的小团。

8 将内馅包入外皮，压入模型中倒扣取出，放入烤盘，表面涂上蛋液。将烤盘放入烤箱，上火180℃、下火170℃，烤20分钟。

Tips

1. 在肉馅中加入绿豆沙，是为了让肉馅不那么松散，而且看起来更多。
2. 转化糖浆可自制。

制作转化糖浆

用途：

制作月饼与礼饼的最佳材料，能使饼皮回软滑嫩而且容易保存。

材料：

乌梅 75 克、山楂 75 克、凤梨 150 克、柠檬 2 个、白砂糖 1200 克、二砂糖 1200 克、水 1200 克、苏打水 80 克（小苏打粉 1 茶匙与 75 克水混合）

做法：

1 乌梅、山楂洗净，浸泡 1 小时后滤干水分。

2 凤梨切片，柠檬洗净切片备用。

3 取一个较深的锅，放入苏打水以外的所有材料，大火煮开后转小火，整个过程需要不断搅拌，防止煳锅。

4 煮至浓稠时（约 3 小时），倒入苏打水，此时锅内会冒出大量的泡沫，当泡沫消退后转中火再次煮开后关火。

5 待冷却后，用滤网过滤出糖浆，放入玻璃瓶保存。

Tips

1. 在步骤4煮沸糖浆时，容易溢出锅外，所以建议使用较深的锅更安全。
2. 将乌梅换成栏果，可煮出黄色的糖浆。
3. 火力大小直接影响熬煮的时间和糖浆的浓稠度。

凤梨酥

凤梨酥是一道心意满满的伴手礼，香酥的外皮包裹着自制的土凤梨馅，酥松绵密、入口即化。

材料

每份50克，共62份

外皮

低筋面粉	750克
黄油	225克
植物黄油	200克
糖粉	150克
鸡蛋	150克
奶粉	75克

内馅

土凤梨馅	1550克

做法

1 将已过筛的低筋面粉中间挖空，放入黄油、植物黄油、糖粉、鸡蛋、奶粉拌匀，再拌入2/3的低筋面粉揉成面团，静置20分钟。

2 调整面团的软硬度，如太软可加入剩余面粉。将外皮面团和内陷分成25克的小团。

3 将内馅包入外皮，放入凤梨酥模压平。上火180℃、下火200℃，烤12分钟，至底部上色后翻面。将烤盘换个方向，上火150℃、下火150℃，再烤5分钟至熟，晾凉脱模即可。

制作土凤梨馅

用途：

可用作凤梨酥或凤梨饼的内馅，凤梨果肉的纤维可以为糕饼增加香气。

材料：

土凤梨 3000 克、水饴 450 克

做法：

1 土凤梨去皮切成四块，先切除果心，将果肉切成长片再切成细块装入纱布袋，在容器中用手揉出水分再挤干。

2 将切好的果肉放入锅中，炒干水分后关火，加入水饴拌匀，再加热至炒干收汁，放凉即可。

Tips

1. 此土凤梨馅是土法制作，成本较低，需花费40～60分钟的时间慢慢熬制而成。

2. 水饴是麦芽糖的一种，呈无色透明状。

第四章

茶点

—◇—

香脆的薄饼，米香四溢的麻糬米糬、米香糖，还有筋道的黄豆软糖……集合了多种口感的传统小点，最适合与三五好友品茶时享用，一起话家常，重温美好时光。

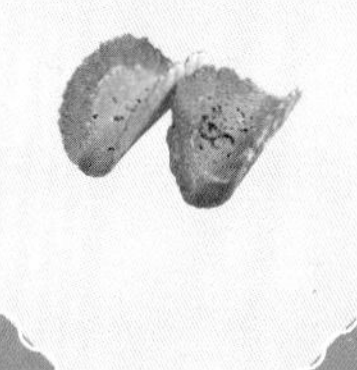

地瓜糖

小时候因家境清寒，母亲总会做地瓜糖或柚子糖，搭配枝仔冰让我沿街叫卖，以贴补家用。

材 料

地瓜	2000克	麦芽糖	200克
盐	20克	二砂糖	200克
水	1500克		

可制作20条，每条约100克

做 法

1 地瓜洗净后去皮，将盐放入1000克水中拌匀。

2 将去皮的地瓜放入盐水中浸泡20分钟，使地瓜吸入盐分防止变黑。浸泡好的地瓜滤干水，再用清水洗一次，滤干水分。

3 在锅中倒入麦芽糖、二砂糖、500克水，中大火煮开，倒入地瓜转小火慢慢熬煮。

4 用木勺把浮在表面的地瓜压下去，使每条地瓜都能浸到糖水，不要翻动地瓜，保持其形状完整。

5 熬煮约1小时，用竹签插入地瓜中（插入表示地瓜已熟），喜欢松软口感即可关火；想要更筋道的口感就再煮30分钟，让地瓜呈拔丝状后关火。

芝麻瓦饼

香脆的瓦饼中充满了芝麻香及面香，吃起来一片接一片，根本无法抗拒！

材 料

糖粉	40克	低筋面粉	100克
植物黄油	20克	熟黑芝麻	适量
牛奶	180克		

每个15克，可制作25个

做 法

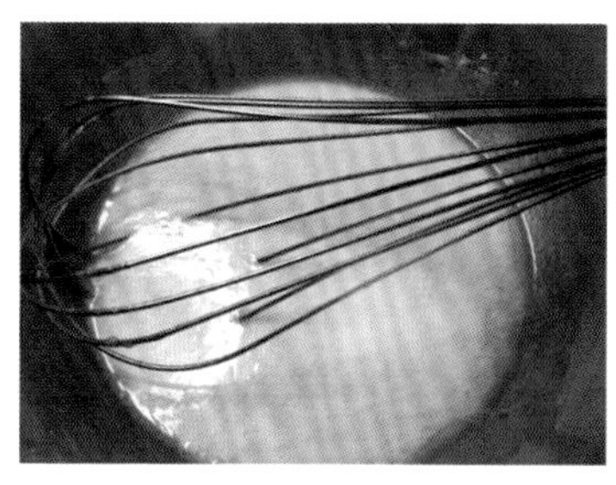

1 将糖粉和植物黄油拌匀，先加入30克牛奶搅拌成均匀无颗粒的糊状。

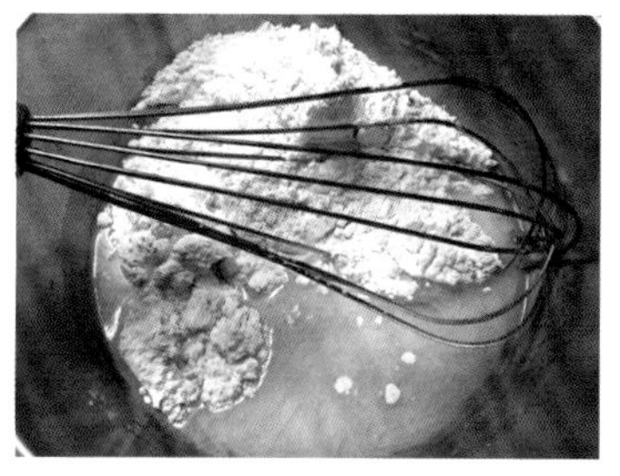

2 再倒入剩余的牛奶拌匀，加入低筋面粉拌成面糊，在室温下静置20分钟。

3 预热蛋卷模，撒上少许熟黑芝麻，再舀入一汤匙面糊。

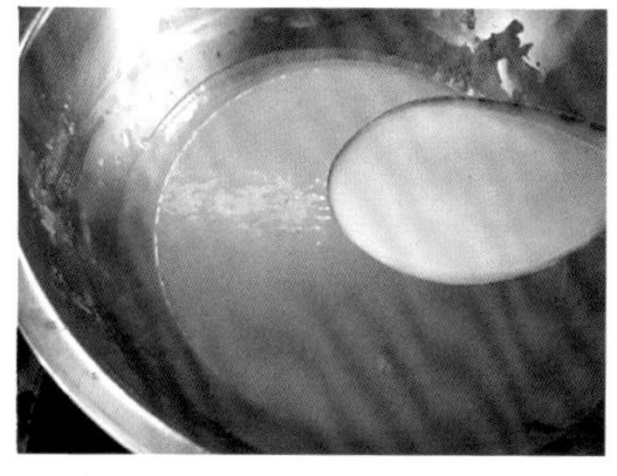

4 先用小火煎20秒，上色后翻面再煎20秒。

5 将芝麻瓦饼煎至金黄色。

6 放入U字形槽中塑形，冷却即可。

Tips

同样的配方和材料，不同的模具煎出来的瓦饼在外形和口感上都会有极大的差异。若用平底锅煎，成品就像铜锣烧，柔软酥松；用蛋卷煎盘煎，口感则更酥脆。

地瓜枣

记得小时候，母亲总会在每年中元节祭祀时做这道甜点祭拜。

材 料

地瓜	600克	猪油	50克
糯米粉	120克	装饰用黑白芝麻	各50克

每个约70克，可制作13个

做 法

1 地瓜去皮洗净后切块，放入电饭锅蒸熟。

2 取出蒸熟的地瓜块趁热捣成泥，放凉备用。

3 放凉的地瓜泥加入糯米粉拌匀，加入猪油揉成地瓜泥团。

4 将地瓜泥团分成小块，每块约70克，搓成椭圆形的枣状。

5 将地瓜枣稍微在水中浸泡，混合黑白芝麻，裹在地瓜枣表面。

6 油锅加热至180℃，放入地瓜枣炸至金黄色捞出。

Tips

选择地瓜时，尽量选含糖量高、口感更甜的黄心地瓜。炸地瓜枣时油温可以高些，因为地瓜已经蒸熟，只需炸至表面金黄即可。

麻团

糯米粉中加入猪油、白糖和水揉制成形，再入油锅炸制而成。因其呈圆形，表面又裹有芝麻，故名麻团。

材料

A

开水	250克
水磨糯米粉	150克

B

猪油	30克
白砂糖	90克
水磨糯米粉	200克
低筋面粉	85克
泡打粉	8克

C

红豆沙	224克

做法详见第35页

D

白芝麻	适量

每个约70克（外皮54克、豆沙馅16克），可制作14个

做法

1 将A材料放入搅拌缸中搅拌均匀，加入B材料继续拌匀，取出面团静置10分钟。

2 将静置好的面团分成每个55克的小面团。

3 将小面团稍微压扁，包入15克红豆沙，捏紧后收口，搓成无缝的球状，为生坯。

4 生坯沾水，均匀沾上白芝麻。

5 锅中放油，待油温加热至80℃，放入麻球，小火炸约5分钟。

6 待麻球鼓起时捞出，转中火至油温升至170℃，放入麻球复炸3～5分钟，至麻球呈金黄色即可捞出。

江米条

甜香硬脆的江米条，是过年过节必吃的零食之一。

材料

A

粘米粉	75克
水	60克

B

麦芽糖	275克
水	320克

C

糯米粉	600克
中筋面粉	75克
泡打粉	15克

D

细砂糖	300克
麦芽糖	40克
水	100克

E

糖粉	80克

每个20克，
可制作90个

做法

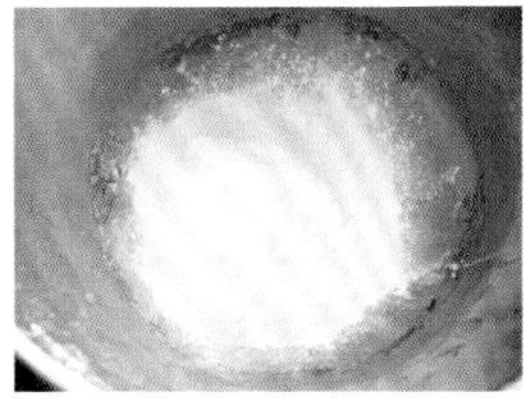

1 取一容器，放入A材料混合均匀，为粉团。在锅中倒入B材料煮开，为麦芽糖水。

2 将麦芽糖水倒入粉团里拌均匀，加入混合过筛的C材料揉成面团。

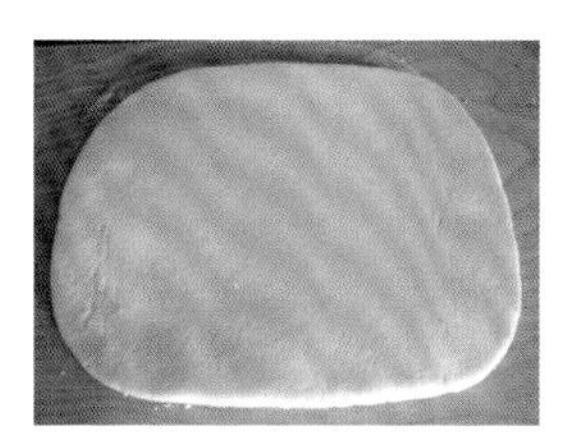

3 取出面团静置30分钟，用手轻轻压扁，用擀面杖擀成0.5厘米厚的面皮。

4 将面皮切成5厘米长、0.5厘米宽的长条。

5 锅中倒油加热至150℃，放入切好的长条炸至金黄色，捞起后滤干油分即为米果。

6 将D材料放入锅中煮至120℃为糖浆。趁热倒入米果翻拌均匀，使米果都裹上糖浆。将糖粉倒入盘中，放入裹上糖浆的米果，使其沾满糖粉。待米果干燥后即可食用。

芋枣

农历七月是芋头的盛产期，这时候的芋头口感绵密又好吃，母亲总爱用其制成祭拜的甜点。

材 料

芋头	600克	澄粉	56克
猪油	100克	开水	100克
糖粉	60克	土豆淀粉	适量

每个约70克，
可制作13个

做 法

1 芋头去皮，洗净切块，放入锅中蒸熟（竹签能插入芋头中即蒸熟）。

2 取出蒸熟的芋头块趁热捣成芋泥，放凉备用。

3 澄粉放入容器中，倒入开水烫熟，加入捣碎的芋泥拌匀。

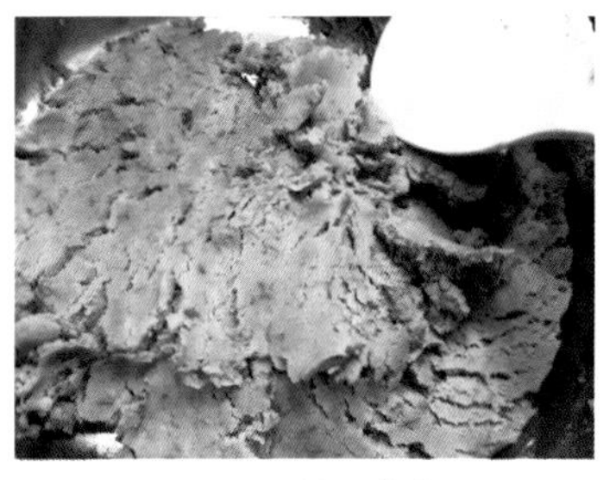

4 放入猪油、糖粉揉成芋团。

5 芋团分成小块，每块约70克，搓成椭圆形的枣状，稍微浸泡，捞起裹上土豆淀粉，使外皮保持干燥。

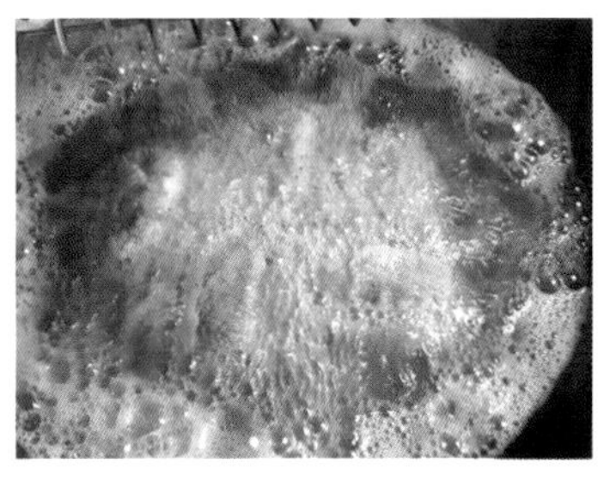

6 油锅加热至180℃，放入芋枣炸至金黄后捞出。

Tips

芋头宜选质地轻、口感更细腻的荔浦芋；炸芋枣时油温可以高些，因为芋头已经蒸熟，只需炸至表面金黄即可；也可包入豆沙及咸蛋黄为内馅，口感更加丰富。

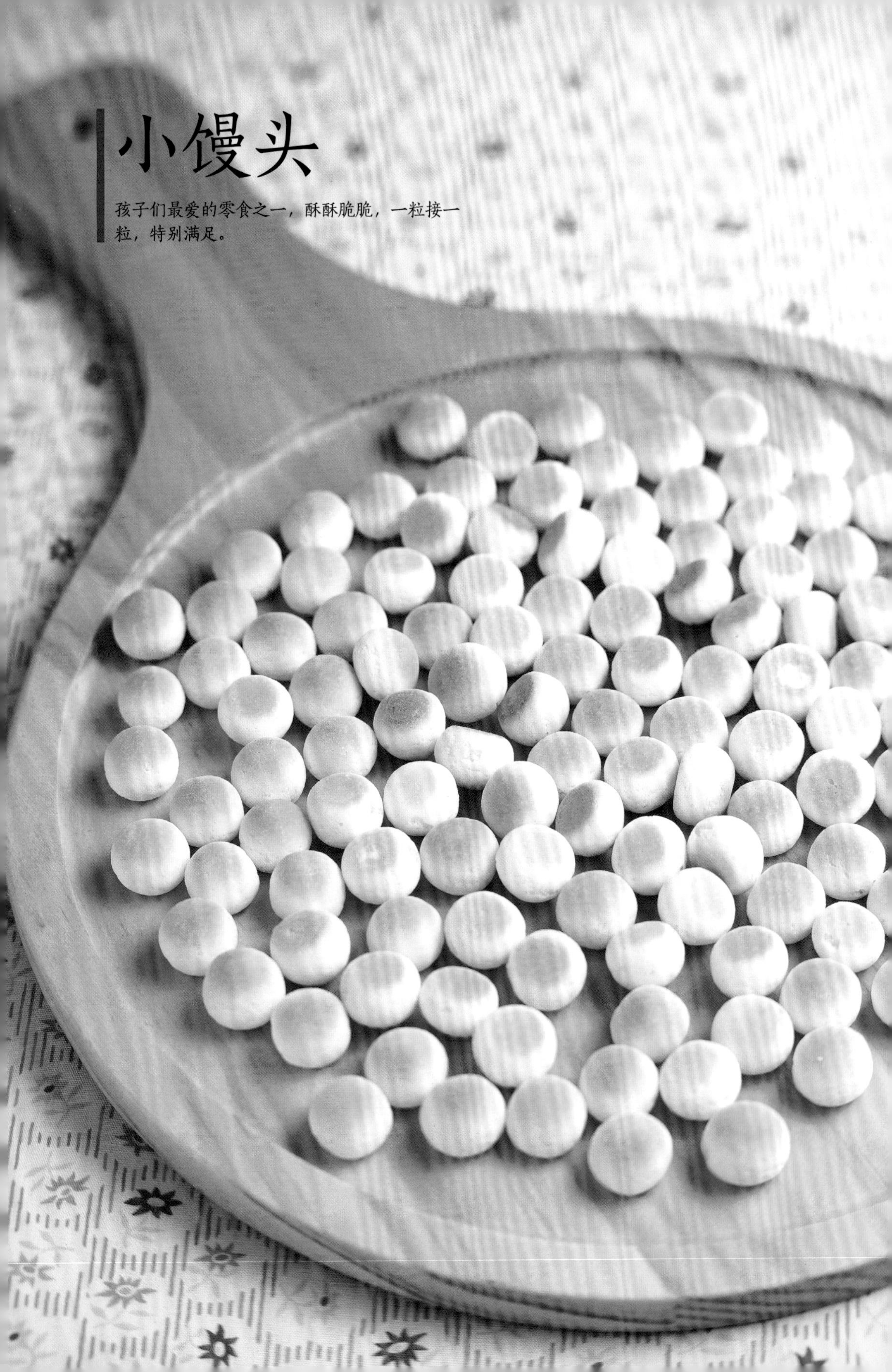

小馒头

孩子们最爱的零食之一，酥酥脆脆，一粒接一粒，特别满足。

材料

土豆淀粉	250克	麦芽糖	30克	每粒约2克，可制作约200粒
鸡蛋	1个	奶粉	30克	
蜂蜜	70克			

做法

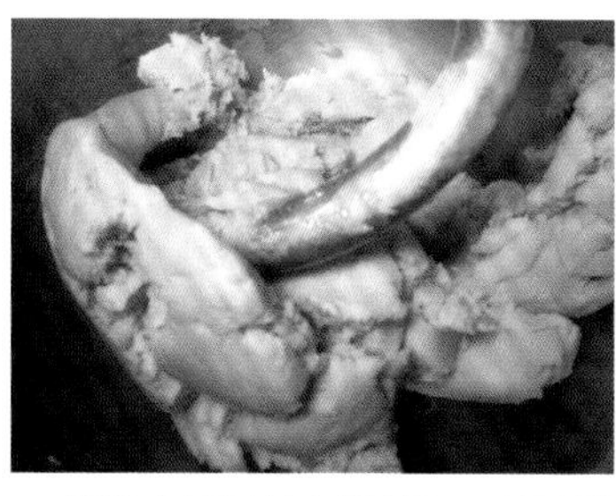

1 将所有材料放入搅拌缸，低速搅拌均匀，再转至中速搅打成面团。

2 将面团放在操作台上，用擀面杖擀成1.5厘米厚的面皮。

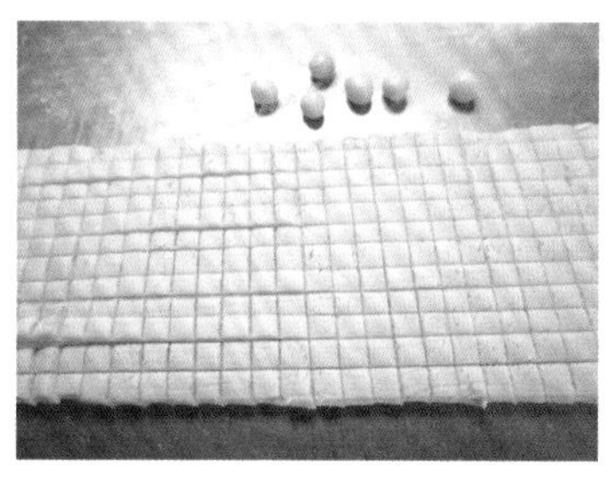

3 切成宽1厘米、长1.5厘米的小方块。

4 切好的小方块放入竹筛，上下左右来回滚动，将面团滚成小圆球。

5 将小圆球摆入烤盘，放入烤箱，上、下火各200℃，烤6分钟。

Tips

过去制作的小馒头会添加小苏打粉，使口感更松脆，外形更好看。本书介绍的小馒头没有任何食品添加剂，成品虽有些许裂开，但更加酥脆可口。

蒜头薄饼

充满蒜香味的薄饼，一片接一片，令人无法抗拒。

材 料

每个20克，
可制作45个

白色清仔皮

低筋面粉	150克
糖清仔	80克
色拉油	30克

黑色内馅

低筋面粉	300克	蒜泥	50克
黑糖	150克	猪油	40克
盐	3克	鸡蛋	1个
麦芽糖	70克	五香粉	3克

做 法

制作白色清仔皮：

1 盆中放入糖清仔、色拉油搅拌均匀，加入低筋面粉拌成团。

制作黑色内馅：

2 另取一盆，放入过筛的黑糖、盐、麦芽糖、五香粉、猪油拌匀，加入鸡蛋搅拌，放入蒜泥、低筋面粉拌成团。

3 将白色清仔皮用擀面杖擀成10厘米宽、15厘米长、0.5厘米厚的长方形面皮。

4 将黑色内馅用擀面杖擀成10厘米宽、15厘米长、1厘米厚的长方形面皮。

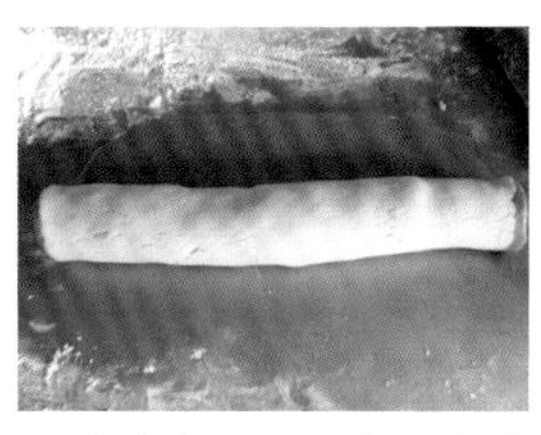

5 将白色面皮放在操作台上，表面涂少量水，将黑色面皮叠在上面。将叠好的面皮从底部往内折，慢慢卷成圆柱状，切成0.3厘米的薄片。

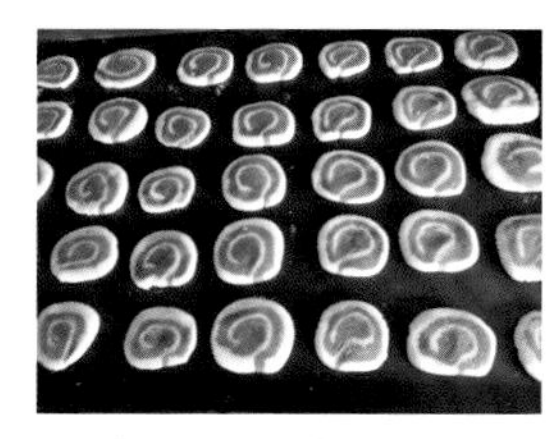

6 将切好的薄片摆入烤盘，上火180℃、下火150℃，烤10分钟。

Tips

过去制作蒜头薄饼时会加入苏打粉及臭粉，使其更为膨松。本书介绍的蒜头薄饼没有使用添加剂，口感较为硬脆，所以不适合切太厚。

耳朵饼

口感薄脆、越嚼越香甜的耳朵饼，是泡茶时必备的茶点，品茶配耳朵饼，茶香美味兼具。

材 料

原味面团

低筋面粉	150克
黑芝麻	10克
糖粉	60克
黄油	30克
鸡蛋	1个

肉桂味面团

低筋面粉	100克
白芝麻	10克
糖粉	20克
肉桂粉	10克
黄油	20克
糖粉	40克
鸡蛋	1个

每个5克，
可制作90个

做 法

1 盆中放入原味面团材料混合拌匀成原味面团。

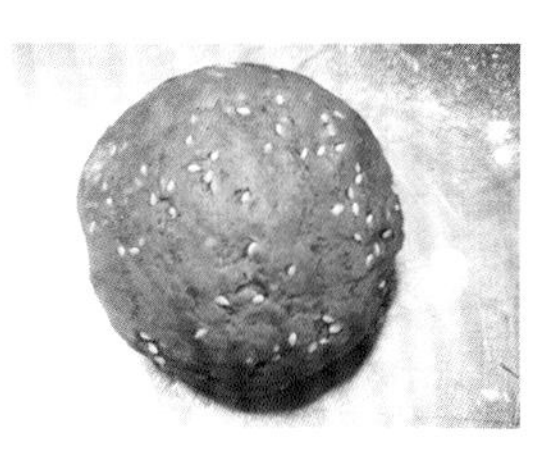

2 另取一盆，放入肉桂味面团材料混合拌匀成肉桂味面团。

3 将原味面团用擀面杖擀成1厘米厚的长方形面皮。

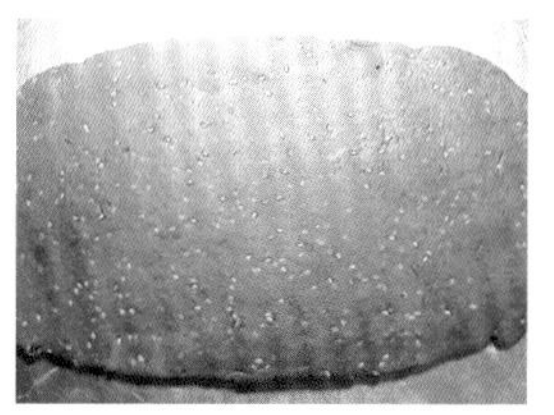

4 将肉桂味面团擀成0.5厘米厚的长方形面皮。

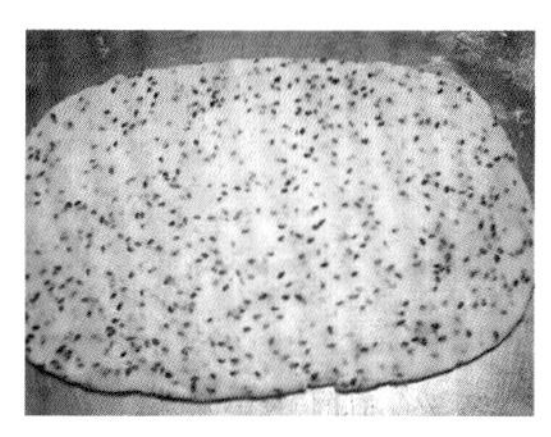

5 在原味面皮的表面涂少量水。

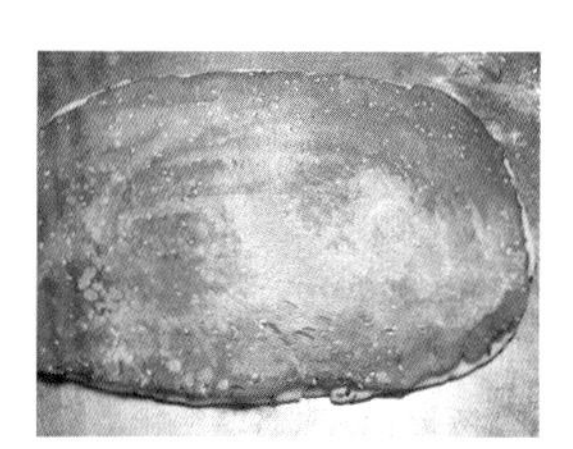

6 将肉桂味面皮叠在原味面皮上，表面涂少量水。

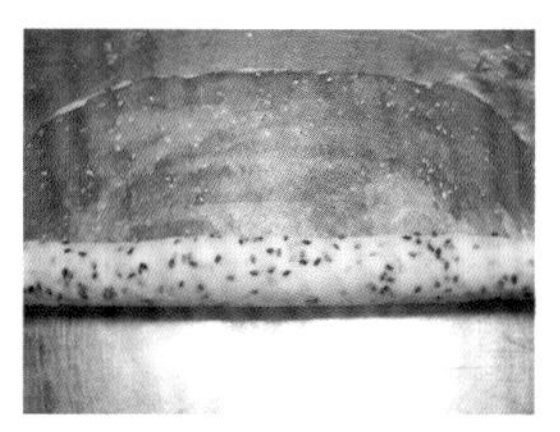

7 将叠好的面皮从底部向内折，慢慢卷成圆柱状，切成0.2厘米厚的薄片。

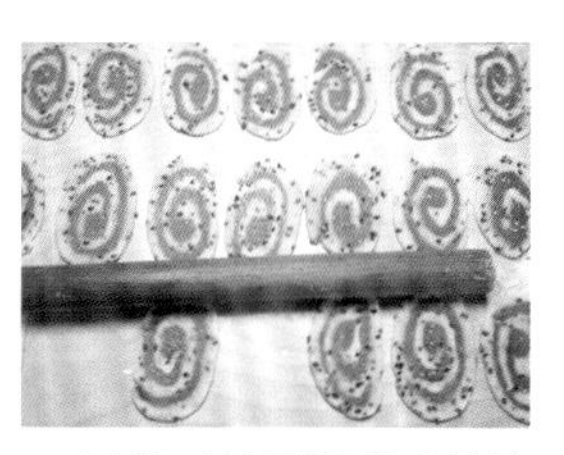

8 用擀面杖再擀薄（使油炸时饼皮能弯曲）。

9 锅中倒入色拉油，加热至180℃，放入耳朵饼炸至金黄。

椰子船

椰子船是儿时非常受欢迎的甜点，椰子的香味及酥脆的口感令人回味无穷。

材 料

塔皮		内馅	
糖粉	100克	糖粉	150克
鸡蛋	1个	植物黄油	50克
发酵黄油	56克	鸡蛋	3个
低筋面粉	187克	椰蓉	180克

每个30克
（塔皮13克、
内馅17克），
可制作30个

做 法

制作塔皮：

1 低筋面粉提前过筛，在盆中放入塔皮材料拌均匀成面团。取出面团，用擀面杖擀成0.2厘米厚的薄皮。

2 用擀面杖将塔皮卷成圆柱状，再将其摊开盖在模具上，用手压成形。用手将塔皮压入模具四周，使塔皮与模具贴紧。

制作内馅：

3 盆中放入糖粉、植物黄油拌匀，分次加入鸡蛋拌匀，再加入椰蓉搅拌均匀。将椰子内馅填入模具中或放入裱花袋挤入模具，摆入烤盘。

4 将烤盘放入烤箱，上火180℃、下火200℃，烤12分钟，取出后趁热脱模。

炸米花

你知道吃剩的米饭也能变出好多种吃法吗？除了可以用来煮稀饭，还可以晒干后用来制作点心。

材料

熟米饭　　900克

可制作350克

Tips

熟米饭需要在太阳下曝晒约6小时，再烘干约2小时即成米干。

做法

1 将熟米饭放在日光下曝晒，经常翻动避免粘在一起，晒好后的米干约剩300克。

2 锅中放入约500克色拉油，加热至200℃。将米干放在漏勺中，放进油锅，浮起后立即关火（米干放入油锅，膨胀后立即捞起，所以不太会吸油）。

3 捞起米干，滤干油分即可。

小麻球的材料及做法都出自古早味点心——开口笑，小麻球只是用了小一些的面团，现在国内外的餐厅也将其列为自助早餐配料。

小麻球

材 料

低筋面粉	300克
糖粉	100克
猪油	20克
臭粉	4克
小苏打粉	4克
鸡蛋	150克
白芝麻	适量

每份8克，
共72份

做 法

1 已过筛的低筋面粉中间挖空，放入糖粉、猪油、臭粉、小苏打粉拌匀，分次加入鸡蛋拌成面团，将面团分成3份，每份约200克。

2 先取一份面团搓成长条，分割成24个小团，每个8克。分别搓圆后在表面涂一层水，沾满白芝麻再搓圆。

3 在锅中倒入色拉油加热至150℃，放入小面团炸至金黄，用滤网捞出即可。

米干糖

将剩饭晒成米干，经油炸、拌糖、切块制成的米干糖，吃起来香脆可口。

材 料

炸米花		糖浆	
熟米饭	900克	细砂糖	210克
油葱酥	15克	麦芽糖	90克
熟花生	60克	盐	3克
		水	90克

可制作1盘
（长30厘米、宽22厘米、高3厘米）

做 法

1 制作炸米花：详见第86页做法。

2 将熟花生去皮掰成两半，在盆中放入炸米花、油葱酥及熟花生拌匀备用。

制作糖浆：

3 在锅中放入细砂糖、麦芽糖、盐和水煮开，用刷子轻刷锅边，防止煮焦。糖浆煮至115℃关火，如果没有温度计，可将糖浆煮至拉丝，滴入水中能成块即可。

4 将糖浆倒入步骤2的盆中拌匀，将拌好的材料放入木框模具中，压平后取出木框，趁热切块。

Tips

若糖浆温度不足115℃就倒入炸米花中，会使成品稀松黏手，并且不易成形。当糖浆温度超出115℃时，成品会变得又硬又脆，还会留下像冰糖一样的白色粉末。

黄豆软糖

沾满黄豆粉的软糖，软中带香的口感，让人忆起童年的美好时光！

材料

白砂糖	300克	麦芽糖	120克
水	120克	黄豆粉	300克

每个20克，
可制作40个

做法

1 锅内放入白砂糖、麦芽糖和水，中火煮开为糖浆，转小火煮至114℃，关火。

2 待糖浆温度降至80℃时，加入290克黄豆粉用锅铲拌匀为软糖。

3 将剩余10克黄豆粉撒在操作台上，并放上软糖。

4 将软糖搓成细长条，用刀将软糖切成3厘米长的块状，一边切一边沾黄豆粉，避免粘在一起。

麻糍米糍

一般只有在过年和农历七月才能吃到的怀旧零食，自己亲手制作，美味更加分。

材 料

A

粘米粉	75克
水	60克

B

麦芽糖	275克
水	320克

C

糯米粉	600克
中筋面粉	75克
泡打粉	15克

D

细砂糖	300
麦芽糖	40克
水	100克

E沾面材料

熟白芝麻	400克
米花	300克

每个30克，
可制作60个

做 法

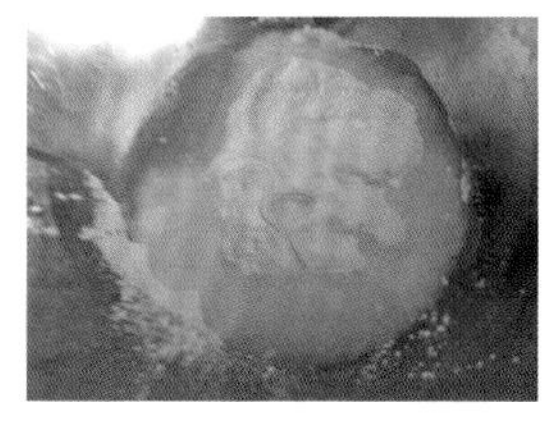

1 盆中放入A材料混合均匀为粉团。

2 在锅中放入B材料煮开为麦芽糖水。

3 将粉团倒入麦芽糖水中搅拌均匀。

4 加入过筛的C材料拌匀，揉成面团，静置30分钟。

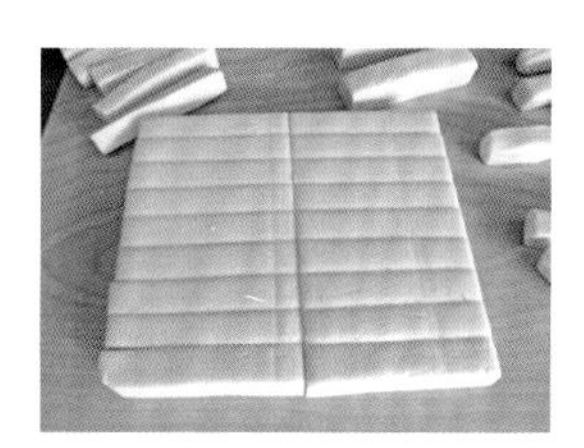

5 将面团压扁，用擀面杖擀成0.5厘米厚的面皮，切成5厘米长、0.5厘米宽的长条。

6 锅中倒入色拉油，加热至150℃，放入切好的长条炸至金黄，捞起滤干油分即为米果。

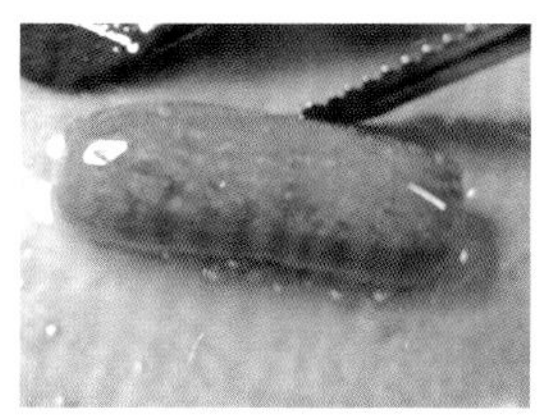

7 另取一锅倒入D材料，大火煮沸，转中火煮至稍有黏度。转小火继续煮，避免冷却变硬。放入米果翻拌均匀。

8 将熟白芝麻倒在竹网上，将部分裹了糖浆的米果均匀裹上熟白芝麻。

9 再将米花倒在竹网上，将剩余裹了糖浆的米果均匀裹上米花。

黑糖米香糖

可制作1盘（长27厘米、宽20厘米、高4厘米）

黑糖米香糖过去是农家的点心，加入花生及油葱酥，再拌入花生油，香脆可口。

材 料

黑糖	200克	花生油	20克
盐	3克	炸米花	300克
麦芽糖	80克	油葱酥	30克
水	90克	花生	60克

做法详见第86页

做 法

1 将花生放入烤箱烤熟，去皮掰成两半。将花生、油葱酥、炸米花放入容器中搅拌均匀。

2 将黑糖、麦芽糖、盐、水放入锅中，中火煮开后转小火继续煮，煮至约120℃（滴入水中可结块）即可。

3 关火后加入花生油搅拌，倒入步骤2中混合好的材料拌匀为米花糖。

4 将米花糖填入模具中，戴手套（阻隔高温）压平，再用擀面杖擀平。

5 米花糖脱模后趁热切成合适大小。

Tips

1. 不能购买玉米淀粉或土豆淀粉提炼的麦芽糖，否则米香糖容易散开，不易成形。
2. 煮糖的过程要用刷子轻刷锅边。
3. 糖浆煮好后，必须立刻倒入米花，搅拌时动作要快，倒入模具后也要迅速用擀面杖擀平。

黄金御果子

松软绵密的地瓜泥配上酥脆的塔皮，口感丰富，令人赞不绝口！

材料

塔皮		内馅	
糖粉	112克	地瓜	600克
发酵黄油	50克	麦芽糖	60克
鸡蛋	1个	水	200克
低筋面粉	200克	琼脂条	10克

每个42克（塔皮13克、内馅29克），可制作30个

做法

制作内馅:

1 琼脂条泡水备用。

2 地瓜削皮后洗净切块，放入锅中蒸熟，趁热捣碎，用筛网过筛为地瓜泥。

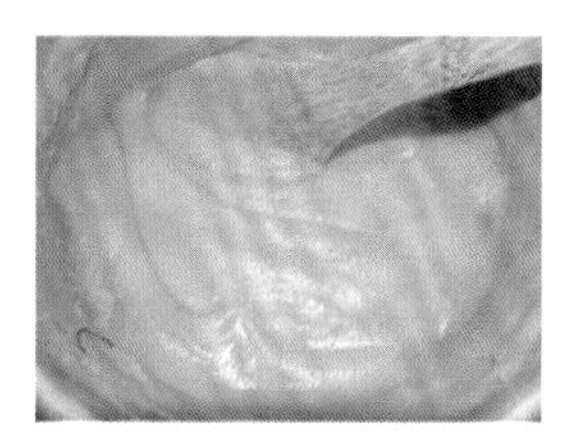

3 在锅中放入琼脂条，加水煮开。再加入地瓜泥、麦芽糖继续煮至收汁，关火后放凉备用。

制作塔皮:

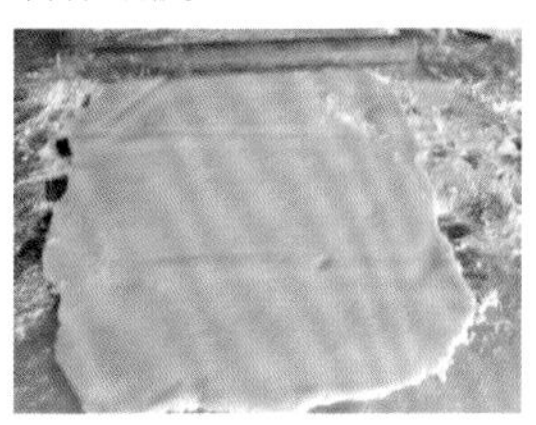

4 在盆中放入塔皮材料拌匀成塔皮团，用擀面杖擀成0.2厘米厚的薄塔皮。

5 塔皮用擀面杖卷成圆柱状，再将其摊开盖在模具上，用手压成形。

6 用手将塔皮压入模具四周，使塔皮与模具贴紧。

7 在裱花袋中装上菊花形花嘴，将放凉的地瓜泥内馅填入裱花袋中，在塔皮模具上挤出波浪形的花纹，放入烤盘。

8 将烤盘放入烤箱，上火180℃、下火200℃，烤12分钟，取出后趁热脱模。

马拉糕

马拉糕有很多种配方与做法，其中奶酪配方最为好吃，因为其中多了一份奶酪的咸香味。

材 料

低筋面粉	225克	细砂糖	225克	可制作1盘（长30厘米、宽22厘米、高9厘米）
泡打粉	10克	鸡蛋	375克	
奶粉	75克	牛奶	40克	
黄油	75克			

做 法

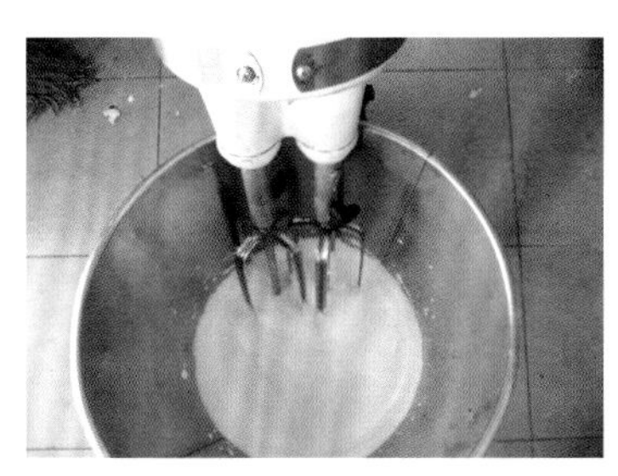

1 将低筋面粉、泡打粉、奶粉混合过筛，黄油融化备用。将细砂糖、鸡蛋放入搅拌盆，先高速打至发泡、呈乳白色糊状时，倒入牛奶转中速搅拌，蛋糊变得浓稠绵密即可。

2 加入已过筛的粉类拌匀，再倒入融化的黄油，轻轻拌匀，倒入铁盘，放入蒸笼中。

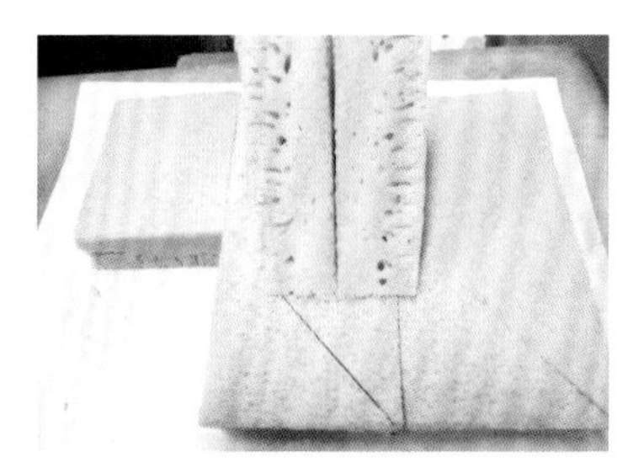

3 大火蒸25分钟，用竹签插入如不粘，即可取出脱模，放凉后切块。

奶酪味马拉糕制作方法

奶酪味与原味的做法大致相同，只是在材料中多加入了 8 克盐和 75 克奶酪粉。将盐与步骤 1 中的细砂糖、鸡蛋一同搅拌，奶酪粉与步骤 2 的粉类一起拌匀即可做出奶酪味的马拉糕。

萨其马

绵密松软又香甜的萨其马，是一款非常受欢迎的茶点。

材 料

面条		糖浆	
高筋面粉	600克	白砂糖	450克
鸡蛋	400克	麦芽糖	225克
臭粉	10克	蜂蜜	40克
葡萄干	150克	水	100克

可制作1盘
（长38厘米、宽28厘米、高5厘米）

做 法

制作面条:

1 已过筛的高筋面粉中间挖空，倒入打至起泡的鸡蛋、臭粉拌匀，从旁边拨入面粉混合揉至光滑，盖上保鲜膜，静置30分钟。

2 拉开面团，用擀面杖先擀长再擀薄。切成约长20厘米、宽5厘米的片状后，再切成长5厘米、宽0.5厘米的条状。

3 切好的面条撒上面粉并用双手上下抖动，防止粘在一起，再用筛网筛掉多余的面粉。

4 锅中放入色拉油加热至160℃，放入一根面条试温，如能立即浮起，可以将全部面条分批入锅，炸至金黄后捞起滤油即可。

制作糖浆与组合:

5 另取一个锅，放入糖浆材料，用中火煮开，用毛刷清除锅边糖粒防止煮煳。煮至黏稠，用木勺拉起有丝状，滴入水中能成块即可。把葡萄干与炸好的面条混合均匀，倒入糖浆快速拌匀，放入模型中用擀面杖轻轻碾平后脱膜，趁热切块。

发糕

每逢过年，母亲总会亲手做些咸糕、甜糕和发糕等糕饼。我最怀念的还是发糕，因为它有种独特的米酸香味，现在已经很难吃到了。

材料

籼米	600克
水	375克
白砂糖	300克
玉米淀粉	150克
酵母粉	4克

每份75克，共18份

Tips

玉米淀粉制作的发糕更加松软，放凉变硬后也更容易回软。

做法

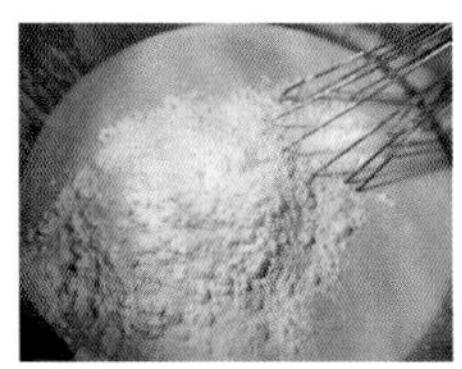

1 籼米洗净，浸泡4小时后滤干，放入磨豆机中，加水磨成米浆。将米浆、白砂糖、玉米淀粉倒入搅拌盆，用打蛋器用力搅打15分钟，再放入酵母粉打至浓稠，并有气泡浮出。

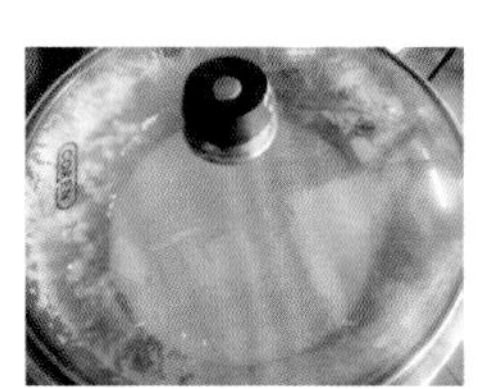

2 盖上锅盖，放于温暖处6小时，待其散发出自然的米酸味。

3 将容器用大火蒸热后，倒入米浆，倒入容器的八成满。

4 大火蒸15分钟，再转中火蒸10分钟，插入竹签不粘即可取出。

第五章

咸点

传统好味道中绝对不能错过咸点，碗粿、八宝丸、咸酥饺……每一道都是流传至今的佳肴，其中的好滋味令人怀念。

海米碗糕

粉嫩筋道的碗糕佐以充满油葱香的海米，
简单的好味道令人怀念不已！

材料

内馅

海米	40克
油葱酥	20克

碗糕

粘米粉	300克
土豆淀粉	150克
盐	3克
水	2700克

每碗600克，可制作5碗

做法

制作内馅：

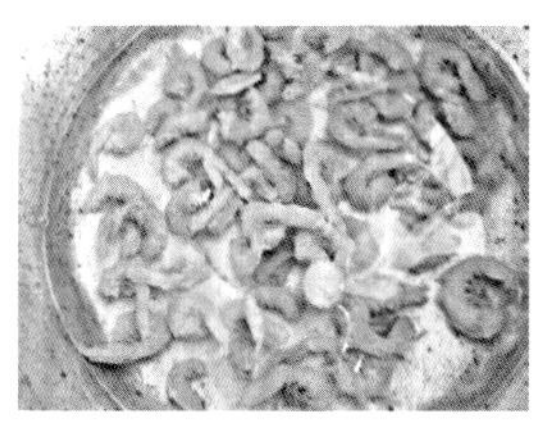

1 海米洗净后用水浸泡1小时，滤干水分备用。

2 在锅中放入少许猪油，开中火使油融化。热锅后倒入海米炒熟，再放入油葱酥炒匀，盛盘放于室温下冷却备用。

制作碗糕：

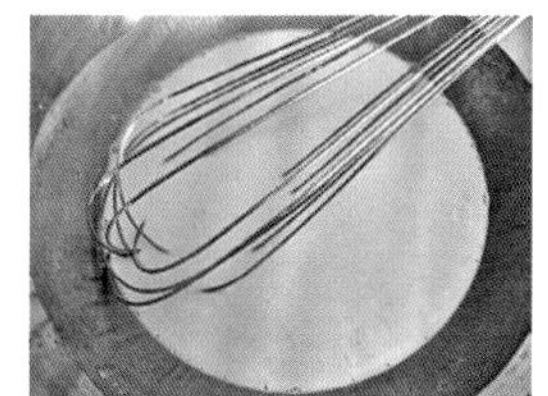

3 将土豆淀粉、粘米粉、盐混合均匀后过筛。另取一锅，加入过筛后的粉末、600克水搅拌均匀成粉浆。

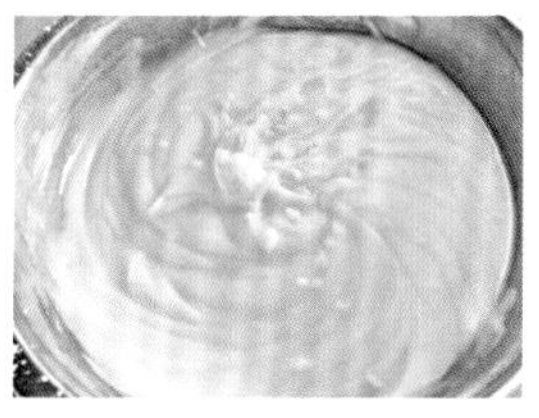

4 将2100克水烧开后趁热倒入粉浆，搅拌成浓稠状。

5 先将瓷碗放入蒸笼中蒸热（约3分钟）。将拌至浓稠的粉浆倒入瓷碗中，倒八成满。

6 在每碗粉浆上放上些许炒好的海米。用大火蒸约60分钟，插入牙签如不粘即为蒸熟。取出后在室温下放凉即可食用。

炸咸芋丸

加入肉馅与油葱酥的芋丸，肉香混合芋头香，风味更加迷人。

材料

芋头	2颗（约1500克）		
猪肉馅	300克		
鸡蛋	2个	鸡精	2茶匙
油葱酥	150克	盐	1小匙
低筋面粉	150克	白芝麻	少许

可制作70个，每个约30克

做法

1 低筋面粉过筛，油葱酥压碎。芋头洗净后去皮切块，放入锅中蒸熟，趁热捣成泥，加入猪肉馅、油葱酥、鸡精、盐，分次加入鸡蛋拌匀，再加入低筋面粉搅拌均匀为芋泥团。

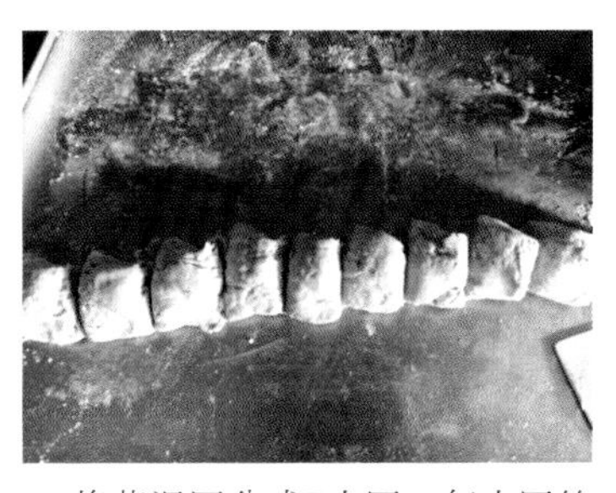

2 将芋泥团分成7小团，每小团约300克。再将每小团分成10小块，搓成圆球状的芋丸。

3 芋丸表面沾水后沾上白芝麻。

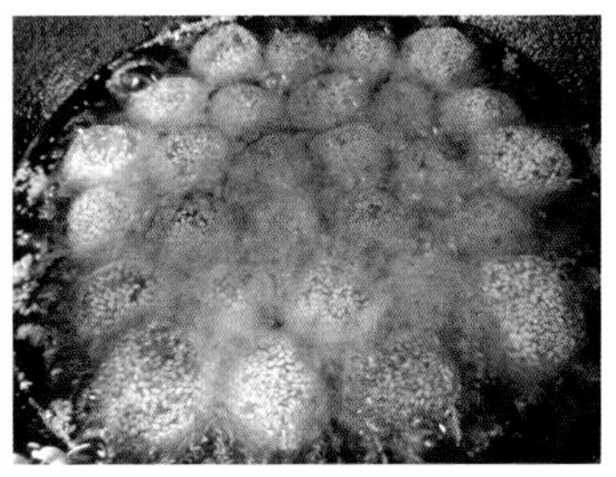

4 锅中放入色拉油加热至150℃，放入芋丸炸至金黄色，捞出控油即可。

八宝丸

母亲用简简单单的材料制作出令我怀念的好味道。

材料

猪肉馅	1200克
地瓜淀粉	50克
豆薯	600克
鸡精	10克
盐	8克

每个约26克，
可制作70个

做法

1 豆薯洗净去皮，切成细丁。

2 将大部分地瓜淀粉与猪肉馅拌匀，使肉质变硬，加入盐、鸡精、豆薯丁搅拌均匀。

3 用手捏成每颗约70克的圆球，为生八宝丸。

4 将剩余的地瓜淀粉裹在生八宝丸上。

5 锅中倒油，加热至160℃，放入生八宝丸，炸至金黄即可捞出。

端午粽

一个小小的粽子里藏着丰富的馅料，以粽叶包裹，叶香、米香四溢。

材 料

馅料

长糯米	6900克	鸡精	180克
红葱头碎	300克	盐	90克
猪肉块	3000克	花生	2400克
干香菇	60朵	咸蛋黄	120颗
海米	300克	栗子	120颗
酱油	100克	五香粉	15克

包粽子所需用具

粽绳	6串	每串固定20个粽子，共120条
粽叶	5沓	每沓约50~58叶

每个粽子150克，每串20个，可制作6串共120个

做 法

制作馅料:

1 干香菇、海米、花生、栗子洗净后，用水浸泡两小时至膨胀，倒掉水分，香菇切丝，剥出栗子仁备用。

2 长糯米洗净后沥干水分放入盆中，加入酱油、花生、75克盐、150克鸡精，拌匀备用。

3 在锅中放入约1000克色拉油，油热后放入红葱头碎炸至金黄，盛出备用。

4 在锅中放入香菇炒香，加入猪肉块、海米、15克盐、30克鸡精炒熟，放入五香粉及炸好的红葱头碎拌匀备用。

包粽子:

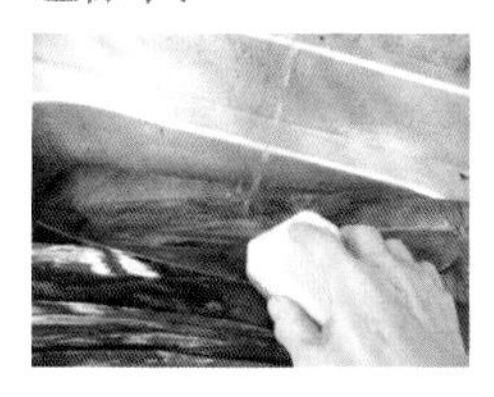

5 将粽叶放入开水中浸泡两小时，逐片洗净后沥干水分。粽绳垂挂在适当位置。取大小粽叶各一片（外大内小），相反对齐。

6 在1/3处折成甜筒形，填入1/3的糯米，糯米中间放入咸蛋黄、栗子及炒好的内馅。

7 盖上剩余2/3的糯米，将粽叶折回，再将多余部分往内折成三角形。

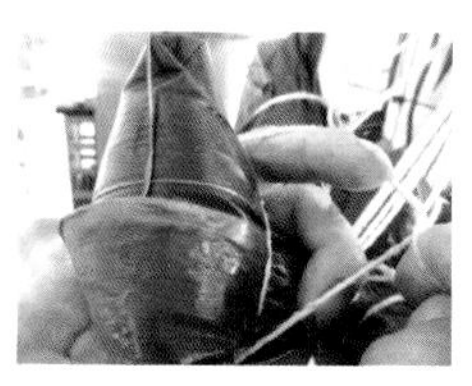

8 拉起绳子绕两圈拉紧，伸出食指在最后一圈隔出一个洞，将绳子从洞中穿过打活结再拉紧。

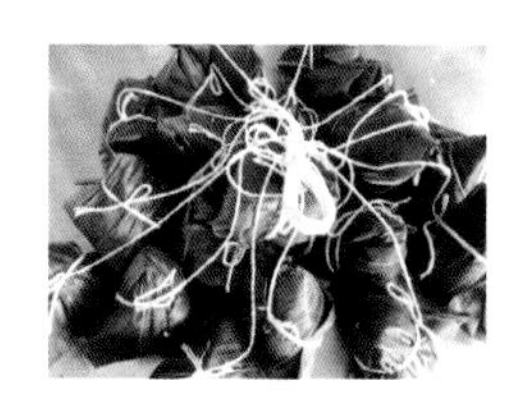

9 取一个大锅，加入2/3的水开大火煮开，放入3串包好的肉粽，水开后转中火煮1小时，翻串（把下面的粽子翻到上面，上面的粽子翻到下面，使粽子更容易熟透），加水再煮1小时至熟。剩下3串依上述方法续煮即可。

咸酥饺

口味咸香的炸饺子，酥脆的外皮搭配丰富的内馅，一口咬下香气四溢。

材 料

饺皮（烫面）		内馅			
高筋面粉	500克	鸡蛋	5个	韭菜	150克
猪油	80克	葱白	25克	豆干	100克
开水	320克	葱叶	50克	鸡精	10克
		姜	10克	粉丝	50克
		盐	10克		

每个约25克（皮15克、馅10克），可制作60个

做 法

制作内馅：

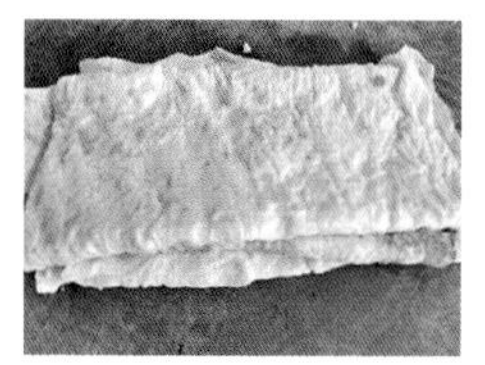

1 粉丝泡水30分钟，泡软后切细段。鸡蛋打散下锅炒成蛋皮，切碎备用。韭菜洗净后滤干水分，切成细段。将葱白切末，葱叶切成葱花。

2 豆干先切丝再切成细丁；姜先切丝再切碎为姜末。

3 锅中放入蛋皮碎、豆干丁、葱白末、鸡精、粉丝、姜末、少量酱油拌炒为内馅。包饺子前再加入盐、葱花拌匀（太早拌入会出水）。

制作饺皮：

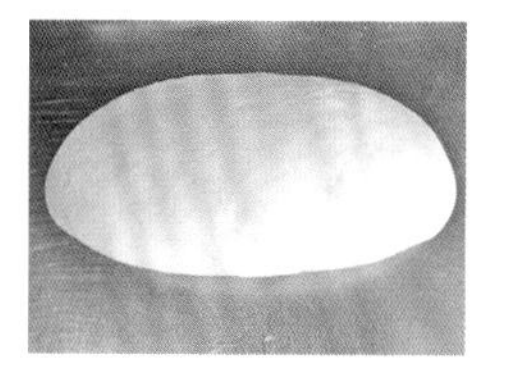

4 搅拌缸中倒入高筋面粉、猪油，先加入2/3的开水搅拌均匀，将剩余1/3的开水分三次加入搅拌缸，继续搅拌成面团。将面团取出，用手揉至表面光滑，盖上保鲜膜静置20分钟。

5 将静置好的面团揉成长条，再分成每个15克的小面团。将小面团轻轻压扁后，用擀面杖擀圆（四周薄中心厚），包入约10克内馅。

6 将包入内馅的饺皮包成半圆形，从旁边折出纹路。

7 饺子全部包完后，在锅中倒入色拉油加热至160℃，放入饺子，先用小火慢慢炸，再转中火炸至金黄即可。

自制酱料

1 大蒜蘸酱：大蒜捣碎加入香油及醋拌匀。

2 大蒜油（100克）：锅中倒入100克色拉油加热，放入60克大蒜炸至金黄。

* 食用时可根据个人喜好选择酱料。

麻豆碗粿

记忆中的碗粿软糯筋道，口感温润，暖胃又暖心！

材料

米浆

籼米	650克
土豆淀粉	250克
水	4200克
鸡精	12克
盐	7克

肉馅

猪肉馅	600克
猪油	75克
红葱头	150克
盐	5克
鸡精	10克
鸡蛋	5个
干香菇	5朵

做法

制作米浆：

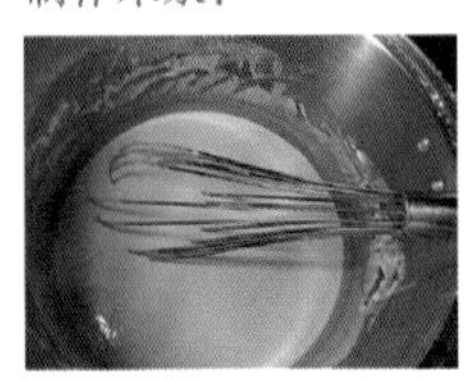

1 籼米洗净后，用水浸泡4小时。滤干水分后倒入磨豆机中，加入1200克水磨成米浆。将米浆倒入锅中，加入土豆淀粉拌匀。

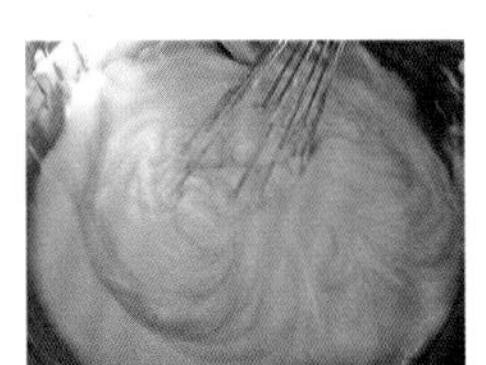

2 将3000克水烧开，倒入米浆中拌匀，加入盐、鸡精搅拌。用中火加热，搅至米浆锅底略微变沉即可关火，继续拌至浓稠，成为米浆糊。

制作肉馅：

3 红葱头洗净切片。炒锅中放入红葱头片、猪油爆香，加入猪肉馅、盐、鸡精炒至收汁为肉臊。鸡蛋煮熟，去壳切半。干香菇泡水膨胀后切半。

4 将米浆糊装入碗中，表面放上肉臊、香菇、鸡蛋，大火蒸1小时。

第六章

其他

本章集合了传统点心中不可或缺的甜食和饮品，以及老师傅不私藏的绿豆粉（馅）、春卷皮的制作方法，而且特别收录了已经濒临失传的“魔芳”，希望传统的好味道可以永远流传。

平安龟

凤片粉做成的平安龟，供大家祈福食用，以求平安。

材料

糖清仔　500克（白砂糖600克、麦芽糖75克、水225克）
糯米粉　200克

每只113克，可制作6只

做法

制作糖清仔：

1 锅中放入糖清仔材料，中火煮至糖溶化即可关火，放凉备用。

制作凤片粉：

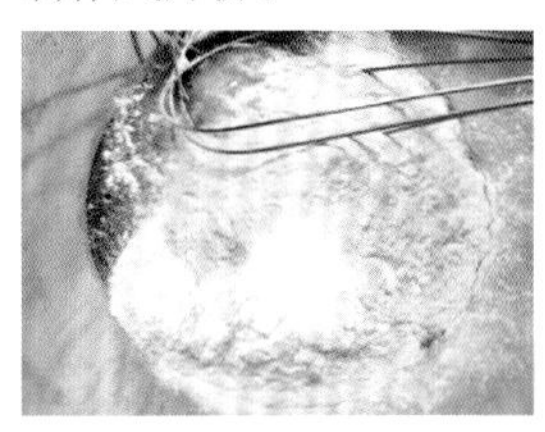

2 将糯米粉蒸熟后趁热过筛，晾凉后放入盆中。

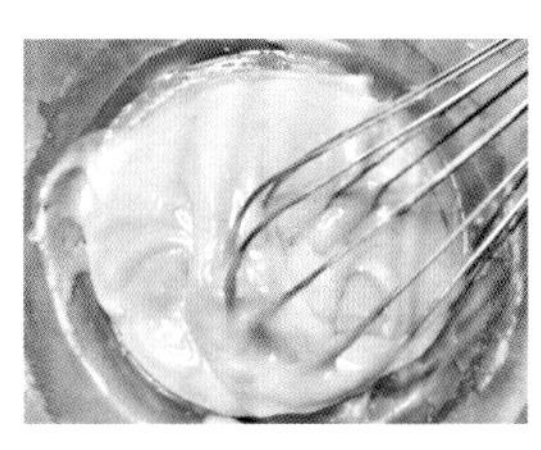

3 在盆中加入430克糖清仔搅成糊状为粉糊，静置20分钟，加入30克糖清仔搅拌均匀，再加入40克糖清仔拌匀为凤片糕。

4 拌匀后的凤片糕倒在铺有少许凤片粉的操作台上。

5 将凤片糕揉至光滑，分割成113克的凤片糕团。

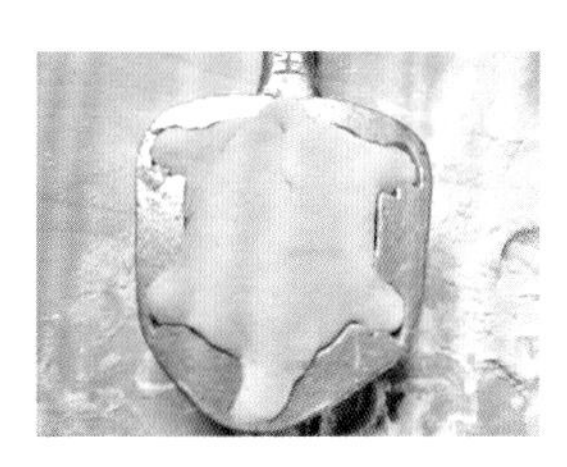

6 将每个凤片糕团再次揉光滑，装入龟模中压平倒扣出乌龟形状。

7 乌龟表面可依其纹路画红线作装饰。

Tips

过程中不能加水，加水会使面团变硬，只有加糖清仔才会使口感筋道。

传统年糕

朴实的年糕散发着淡淡的糯米香，是过年过节应景的吉祥食物。

材 料

圆糯米　　约6900克
白砂糖　　　4800克

每个1200克，
可制作15个

做 法

1 糯米洗净，浸泡4小时（冬天浸泡6小时），滤干水分倒入磨豆机中（需先用大铁夹夹住磨豆机出口的过滤袋），加水磨成糯米浆。

2 将装满糯米浆的过滤袋口绑紧，上面用装有水的容器或石头压干。

3 压干后取出过滤袋中的糯米粉团，倒入搅拌缸中。

4 先搅拌至糯米粉团不粘缸，再分次加入白砂糖搅拌，全部拌均匀成糊状，为年糕糊。

5 将年糕糊倒入铺有蒸笼布的蒸笼中，四周放上四个透气孔(分两层蒸年糕更易熟)。先用大火蒸，待蒸笼盖冒出烟后转中火蒸2小时(蒸笼盖上放一个滴水容器，关小水滴防止水蒸干)。

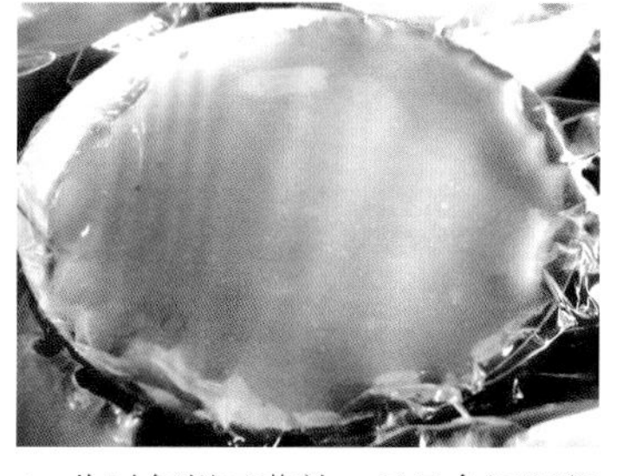

6 此时年糕已蒸熟，只是色泽还很白，将上下层对换，再蒸1小时，使色泽更深些。将筷子插入年糕中，不粘筷即可。用两支锅铲将年糕挖入铺有玻璃纸的圆模中，再用中火蒸至表面光滑。

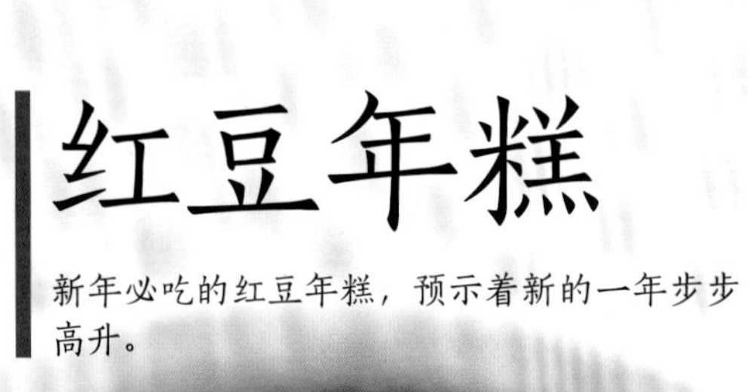

红豆年糕

新年必吃的红豆年糕，预示着新的一年步步高升。

材 料

圆糯米　约6900克
二砂糖　约3600克
蜜豆　约1200克

每个1200克，
可制作15个
（直径16厘米、
厚度2厘米）

做 法

1 糯米洗净，浸泡4小时（冬天浸泡6小时）。取出泡好的糯米，滤干水分倒入磨豆机中(需先用大铁夹夹住磨豆机出口的过滤袋)，加水磨成糯米浆。

2 将装满糯米浆的过滤袋口绑紧，上面用装有水的容器或石头压干。

3 压干后取出过滤袋中的糯米粉团，倒入搅拌缸中。

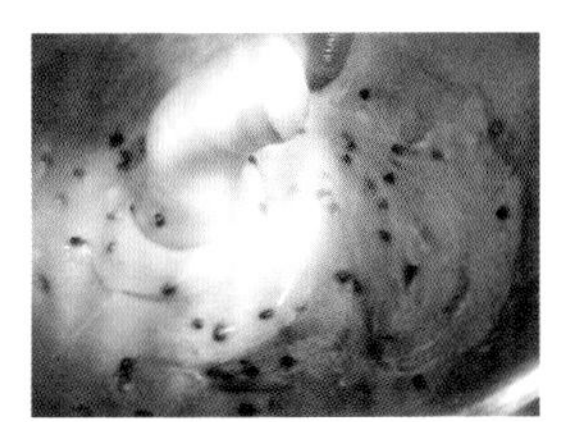

4 先搅拌至糯米粉团不粘缸，再分次加入二砂糖搅拌，全部拌均匀成糊状，倒入蜜豆继续搅拌均匀为生蜜豆年糕。

5 生蜜豆年糕全部倒入铺有蒸笼布的蒸笼中，四周放上四个透气孔（分两层蒸年糕更易熟）。先用大火蒸，待蒸笼盖冒出烟后转中火蒸2小时（蒸笼盖上放一个滴水容器，关小水滴防止水蒸干）。

6 此时年糕已蒸熟，只是色泽还很白，将上下层对换，再蒸1小时，使色泽更深些。将筷子插入年糕中，不粘筷即可。用两支锅铲将红豆年糕挖入铺有玻璃纸的圆模中，表面再撒上些许蜜豆，放凉即可。

Tips

6900克糯米泡水磨浆压干之后约有12000克左右，如果用80厘米的蒸笼，只用一层即可，如果用66厘米的蒸笼，则使用两层蒸年糕更易熟；若分两层蒸，则糖量也需分两半，即每层1800克糖。

甜甜圈

与现在口味造型多变的甜甜圈不同，早期的甜甜圈仅仅是在炸好的面包上裹上一层糖衣，简单朴实但又不失美味。

材 料

中筋面粉	600克
细砂糖	60克
盐	3克
水	170克
酵母粉	6克
鸡蛋	2个
植物黄油	60克

表面装饰

软式糕仔糖

每个80克，可制作12个

做 法

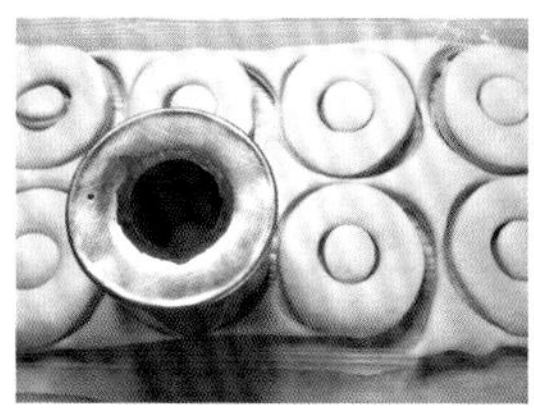

1 将所有材料放入搅拌缸中，用低速搅打成团，再转至中速搅打至面团光滑不粘缸，取出面团放在操作台上静置10分钟，擀成1厘米厚的面皮。

2 甜甜圈面团成形方法：用甜甜圈模在面皮上印出中空圆形，压扁从中间挖洞向四周扩大成中空状。将面皮分成小块（每个60克），搓成长条形，绕一圈头尾接合成中空状，静置20分钟。

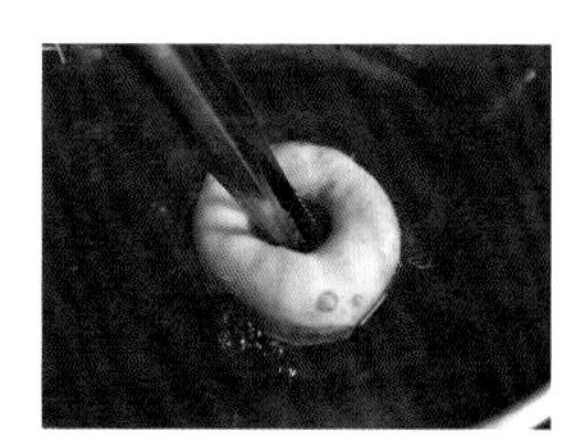

3 将锅中的油加热至160℃，放入甜甜圈面团，用铁夹在面团中间滚动，使圆孔扩大。

4 面团底部上色后翻面，炸至两面金黄即可捞出，全部炸完后放于室温下冷却。

5 软式糕仔糖隔水加热融化为糖霜液，将放凉的甜甜圈表面裹上糖霜液，待冷却后表面糖霜凝固，装入塑料袋避免受潮。

制作软式糕仔糖

材料：

白砂糖 1800 克、麦芽糖 225 克、水 450 克

做法：

1 将所有材料放入锅中拌匀，开大火煮沸，锅中出现大泡沫后转中火，用刷子轻刷锅边防止糖反砂，糖浆的泡沫会越来越小且逐渐浓稠。

2 温度达到约 96℃时关火，或是把糖浆滴入水中，当糖浆变成水软式的糖块，形似棉花即可。

3 在糖浆表面喷水以防结块，静置 30 分钟。

4 当糖浆温度降至 50℃，用锅铲轻拨会出现波纹，在表面喷水，趁热用锅铲由中间开始搅动。

5 糖浆颜色由黄变白后，要继续搅动到完全变白、变软才能停止，否则会变成硬块。

小窝头

令慈禧太后爱不释口的平民小点，可根据个人口味搭配不同的馅料。

材料

绿豆粉	40克
中筋面粉	260克
黑糖	30克
可可粉	3克
干酵母	3克
水	150克

每个40克，
可制作12个

＊本食谱为改良后的材料、做法。

做法

1 将所有材料放入搅拌缸中搅拌均匀成面团，取出面团放在操作台上，揉至表面光滑不黏手，静置20分钟。

2 用橡皮刮刀分割成每个40克的小面团，揉成圆球，捏成上尖下圆，底部用大拇指挖空，捏成中空的形状。

3 将捏好的面团放在模具上以防发酵后面团粘在一起，静置30分钟。

4 放入蒸笼（事先铺好蒸笼纸），大火蒸12分钟，趁热脱模，品尝时可随意放入自己喜欢的食物。

Tips

传统的小窝头必须要趁热吃，放凉后再吃会变得干硬。改良后的做法操作简单，好吃而且不会变硬。
传统做法所用材料：玉米淀粉200克、黄豆粉40克、糖20克、小苏打粉3克、中筋面粉50克、水170克。

没有苹果的苹果面包盛行于20世纪70年代，是以鸡蛋为主，改良美式做法而来的点心。

苹果面包

材料

中筋面粉	300克
低筋面粉	300克
牛奶	100克
细砂糖	80克
酵母粉	6克
盐	7克
鸡蛋	2个
黄油	100克

每个50克，
可制作20个

做法

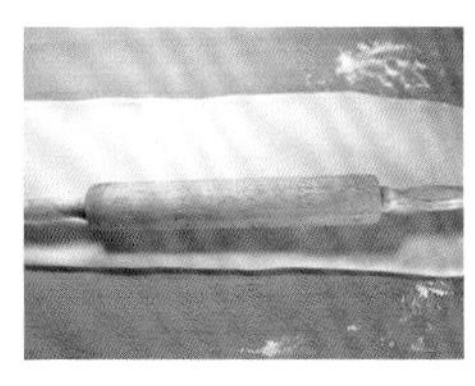

1 将所有材料放入搅拌缸中搅打均匀，成光滑不粘缸的面团。取出面团，用擀面杖擀成约0.5厘米厚的面皮。

2 将面皮切成长9厘米、宽8厘米的长方形，划出纹路；也可用印模在面皮上印出长方形，摆放至烤盘上。

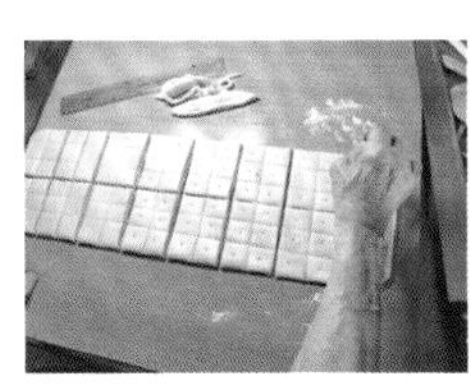

3 在每张长方形面皮的小格子中间用竹签戳一个小洞，表面涂上牛奶。

4 将烤盘放入烤箱，上、下火各170℃，烤10分钟。

魔芳

魔芳是过去祭拜时的重要祭品，有着绵密的口感及浓郁的发酵香，实在令人怀念！

材料的分量可以自行调整，以最后能否成功决定。建议试蒸时先用30克蒸7分钟，成功后再改用75克蒸12分钟。

材 料

此为7天的总量，实际分量请依据天数所需分量制作。

低筋面粉	3000克	糖粉	1350克
水	1200克	碱水	30克

做 法

上午、下午约隔12小时

1 第一天上午，将300克低筋面粉、300克水放入盆中打至起泡（约5分钟），早晚各1次。如果搅拌不足会导致粉水分离，需加面粉重新打至起泡。

2 第二天上午，加入300克低筋面粉、300克水打至起泡；如遇粉水分离，需多搅拌几次，直到出现大泡泡。第三天上午和下午，分别加入300克低筋面粉、300克水搅拌，若有酸味呈黏稠状可直接进行下一步；否则再重复第一天的做法。

3 第四天上午，加入已过筛的300克低筋面粉，面糊呈膏状。下午再加入300克低筋面粉，面团呈海绵状，盖上湿布防止表皮变硬。第五天，重复第四天的做法。此时面团已略硬，可用塑料袋包好，不易结硬皮。

4 第六天上午，加入已过筛的300克低筋面粉拌匀，用塑料袋将面团包好。下午取出面团揉至光滑，分成2份1800克的面团，分别加入675克糖粉，分三次加入防止结块，采用翻拌的方式压匀。当糖粉快被面团吸收时会出现水分，这时第二次放入糖粉，至快被吸收时面团会变软，再放入第三次糖粉，压匀后面团呈膏状，盖上保鲜膜。

5 第七天早上，将碱水与面团拌匀，将剩余600克低筋面粉过筛放在操作台上，中间挖空，放入加了碱水的面团，将低筋面粉从旁边慢慢拨入压均匀，低筋面粉不要全部拌完，压至类似麻糬的软度。

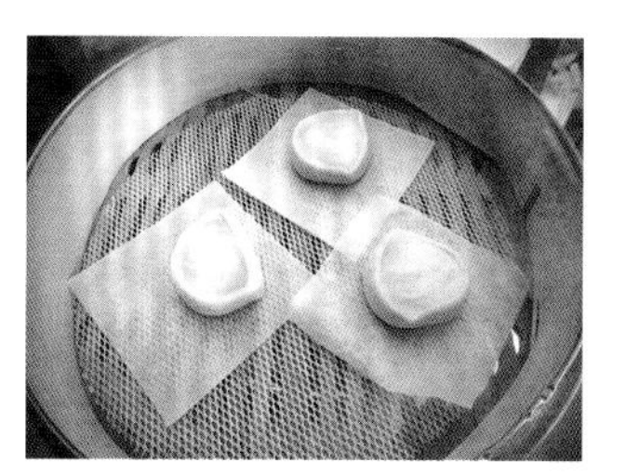

6 取一小块面团搓圆蒸熟，如里面呈灰色有酸味表示碱水不足，需再拌入一些碱水；如黄色有熏味即表示碱水过多，需倒入清醋中和。再切两块面团（每块75克）试蒸，测试是否有“抬头”（面团表面凸起部分），有则继续。面团很软，需左右来回滚动保持圆柱形，切好立即放入蒸笼，大火蒸12分钟（时间不宜过长，因为加入碱水容易使面团变黄）。

失败✕

碱水严重不足

碱水不足

碱水不均匀出现黑点

碱水过多变黄

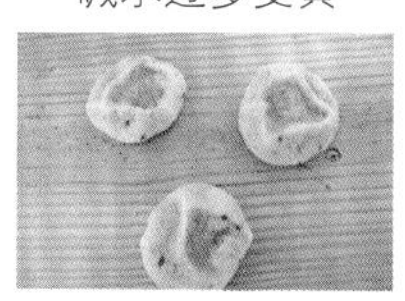

碱水严重过量像碱粽

不能用揉的方式和面

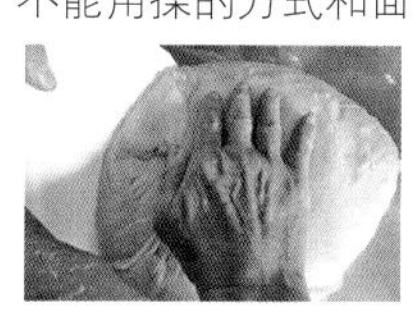

手指用力按压立即回弹
表示面团出筋

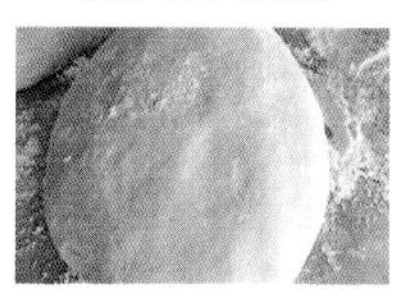

成功✓

碱水适中

用压的方式和面

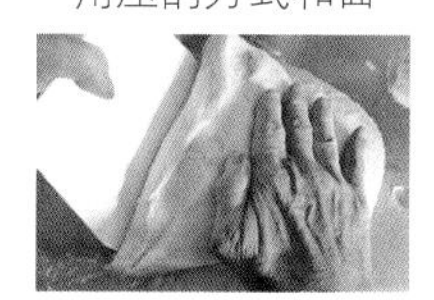

手指用力按压深陷不回弹

Tips

1. 加入糖粉和最后阶段加入面粉时，都要用压的方式，不能揉也不能使用搅拌机，这两种方式都会使面团出筋。
2. 加入碱水时需要边加边闻边试，以防碱水过量或不足，只有碱水适量时成品才会出现“抬头”。
3. 出筋就是面团出现弹性，用手按压会立即回弹，无法再继续制作。
4. 如表皮结了硬皮应立即取掉，日后面团才不会结块。

自制绿豆粉

老师傅不私藏的自制绿豆粉方法，找回传统味绿豆粉的醇香好味道！

材料

可制作300克

绿豆仁　　300克

做法

1 绿豆仁洗净，浸泡4小时至完全膨胀，滤干水分，放入蒸笼（蒸笼中需先铺上蒸笼纸），大火蒸40分钟至熟（能用手将绿豆仁捏碎即表示蒸熟）。

2 将熟绿豆仁倒在操作台上，用擀面杖碾碎，放入粗筛网中过筛。

3 倒入炒锅中，先用中火炒至略干后转小火。继续炒至绿豆仁变成金黄色，呈细沙状后关火（不要炒过头，会使绿豆仁变干硬）。

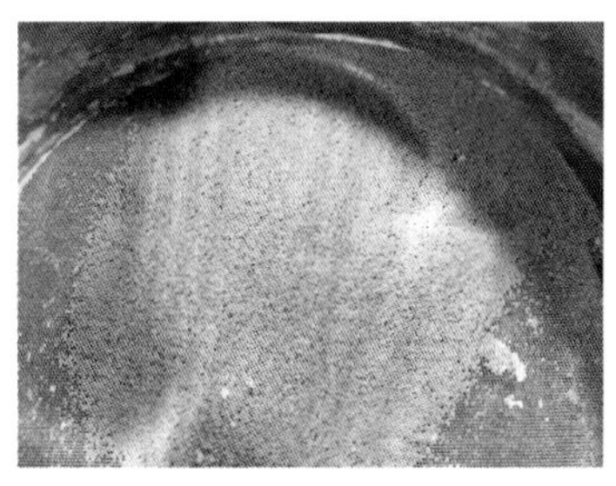

4 炒至金黄的绿豆仁先用粗筛网过筛一次，再用中筛网过筛一次，即为细致的绿豆粉。

自制绿豆馅

自己做绿豆馅可根据喜好加入不同材料，少油少糖，健康美味更加分！

材料

绿豆仁	600克	可制作1200克
白砂糖	200克	
花生油	150克	

做法

1 绿豆仁洗净，浸泡4小时，待其完全膨胀后滤干水分，放入蒸笼蒸30分钟至熟，为绿豆沙（能用手捏碎即表示蒸熟）。

2 取出绿豆沙，趁热用粗筛网过筛，全部放入锅中炒干。

3 取一半炒好的绿豆沙加入白砂糖拌匀，待糖融化后加入花生油继续拌至略为收汁。

4 再倒入剩余的绿豆沙，搅拌均匀为绿豆馅。

5 绿豆馅放入盘中，表面涂上花生油防止风干。

Tips

绿豆仁用电饭锅煮熟与蒸笼蒸熟略有不同，用电饭锅必须在锅内加水，所以绿豆仁泡至膨胀即可；若用蒸笼，就需要浸泡4小时至完全膨胀。

杏仁茶

浓香的热杏仁茶为早些时候沿街叫卖的茶饮，还有润肺止咳的功效。

材 料

每杯360克，可制作7杯

南杏仁	150克	水	2300克
粳米	60克	白砂糖	130克

做 法

1 南杏仁洗净滤干水分，放入烤箱，上、下火各200℃，烤15分钟，烤干后取出，放于室温下冷却备用。

2 粳米洗净，浸泡2小时，滤干水分备用。

3 将南杏仁与粳米一起放入磨豆机中，加入1000克水磨成杏仁浆。

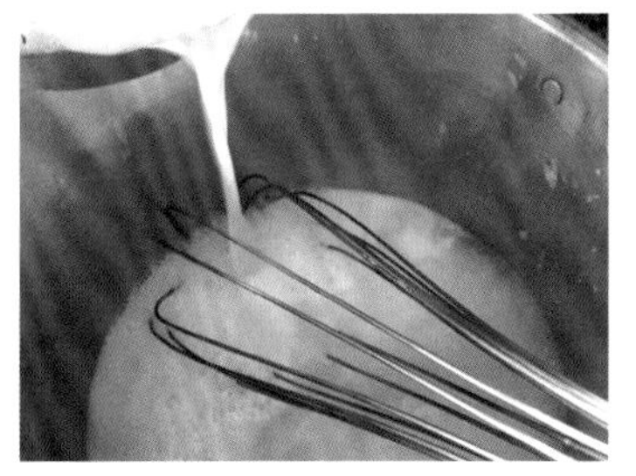

4 在锅中倒入1300克水和白砂糖煮开，倒入杏仁浆拌匀，至再次煮开成浓稠状即可关火。

Tips

杏仁茶为何使用南杏仁呢？南杏仁颜色较白、形状较大且扁，俗称甜杏仁；而北杏仁较圆，形状较小且苦，亦称为苦杏仁，所以杏仁茶是以南杏仁制作而成的。

果汁机也能制作出香醇的杏仁茶

做法：

1 南杏仁洗净后滤干水分，放入烤箱，上、下火各 200℃，烤 15 分钟，烤干后取出，放于室温下冷却备用。

2 粳米洗净，浸泡 2 小时，滤干水分备用。

3 将南杏仁与粳米一起放入果汁机中，加 800 克水搅打成杏仁浆。

4 在锅中倒入 1500 克水和白砂糖煮开，倒入杏仁浆拌匀，再次煮开成浓稠状，继续搅拌 3 分钟让浓度更稳定即可关火。

羊羹

羊羹最早起源于中国，后来传入日本，成为当地的知名糕点，也是品茶时搭配享用的甜点。

材料

琼脂条	15克
水	450克
白砂糖	400克
黑豆沙	600克
麦芽糖	15克

可制作1盘
（长30厘米、宽22厘米、高3厘米）

做法

1 琼脂条洗净后浸泡2小时以上，捞出备用。锅中倒入水和泡软的琼脂条，小火煮至琼脂条溶化。

2 加入白砂糖煮至黏稠，放入黑豆沙转中火煮开，再加入麦芽糖拌匀，小火继续煮至用刮刀拉起时有丝状。

3 倒入已抹油的铁盘中，轻敲一下再抹平，放入冰箱冷藏，凝固后即可切块。

面茶

面茶已有百年以上的历史，早期的面茶是不加料的，只把面粉炒熟加入糖粉，后来有人将其拿来售卖才加料进去，以增添分量。

材料

材料	用量
低筋面粉	600克
糖粉	600克
冬瓜条	115克
生白芝麻	115克
猪油	115克

每份20克，
共77份

Tips

在翻炒低筋面粉的过程中，必须不断从锅底翻炒防止煳锅，关火后还要继续翻炒，使低筋面粉受热均匀。

做法

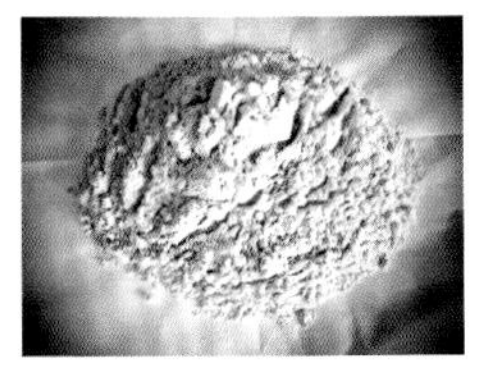

1 将低筋面粉放入锅中，用中火从下往上翻炒至略为粘锅时，转小火继续炒至金黄。低筋面粉晾凉后过筛，加入筛好的糖粉拌匀。

2 冬瓜条切碎备用。

3 生白芝麻浸泡30分钟，膨胀后滤干水分，放入锅中炒至金黄，趁热压碎。

4 在步骤1拌好的粉类中加入猪油拌匀，再加入冬瓜碎、白芝麻碎搅拌均匀。

5 食用时，取步骤5的适当分量放入碗内，冲入烧开的热水（面茶浓稠度可按照自己的喜好调整）。

麻糬

小时候每逢中秋月圆时，母亲总会用糯米加水研磨，压干、蒸熟、捣碎后放入装了糖粉和花生粉的盘子。吃之前，用筷子夹出一口大小的麻糬，裹上糖粉及花生粉，这就是传统的麻糬。

材料

每份60克，共40份

外皮

麻糬粉	600克	蛋白	95克
水	525克	玉米淀粉	适量
细砂糖	300克		

内馅

绿豆沙	400克
黑豆沙	400克

做法

1 将麻糬粉和水放入搅拌盆，混合拌成生麻糬团，分割成12份，分别压扁，成麻糬片。

2 锅中倒水，煮开后放入麻糬片，煮至麻糬片浮出水面即可。

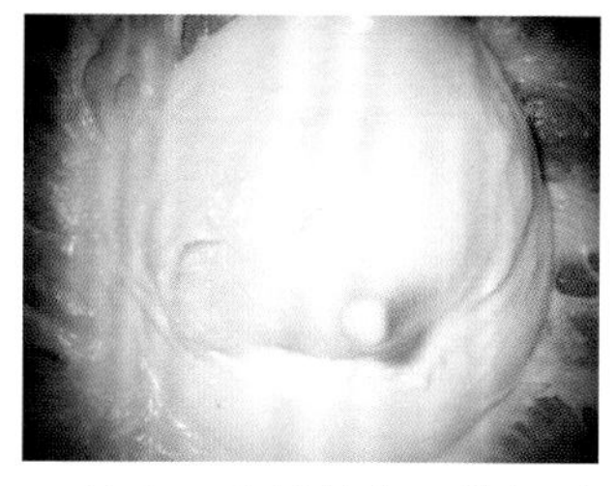

3 另取一个搅拌盆，将细砂糖、蛋白打发至湿性发泡，放入煮好的麻糬片，搅拌成光滑的糊状。

4 在操作台上撒少量玉米淀粉，放上拌好的麻糬糊，用手挤成每个40克的小团，将绿豆沙、黑豆沙分成每个20克的小团。

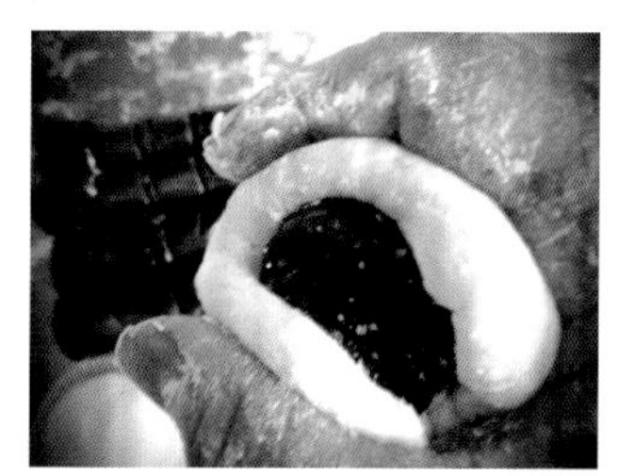

5 将豆沙馅包入麻糬皮中，整成长条形或圆形。刚做好的麻糬很软容易变形，必须重新再整形一次后装入纸模中，表面裹上软糖或芝麻作装饰。

圆仔红龟

红龟是逢年过节或祭拜时必备的供品，同时也是用来庆祝小孩满月或周岁的食物。

材 料

外皮		内馅	
中筋面粉	2400克	黑豆沙	2240克
干酵母	30克		
细砂糖	300克		
水	1200克		
碱水	适量（1克无水碳酸钠与30克水混合）		
食用红色素	少许		
色拉油	少许		

每份150克，
共40份

做 法

1 将中筋面粉、干酵母、细砂糖和水放入搅拌盆，低速拌成面团，放置8小时，加入碱水揉至光滑，卷成圆柱体。取750克外皮面团，加入少许食用红色素与色拉油，揉成红面团。

2 将外皮面团分割成每个75克的小团；将红面团分割成每个19克的小团，擀开后盖在外皮面团上压扁；将内馅分割成每个56克的小团。

3 将内馅包入外皮中，放在纸上，再放入蒸笼发酵30分钟（时间视发酵情况而定），用大火蒸20分钟。

Tips

按照此食谱做出的红龟，可放置约10小时，依然十分柔软。

春卷皮

只要一只平底锅，就能制作出口感软弹，散发着淡淡面粉香的春卷皮。

营业版

材 料

高筋面粉	1800克	每张30克，可制作90张
盐	35克	
水	1600克	

做 法

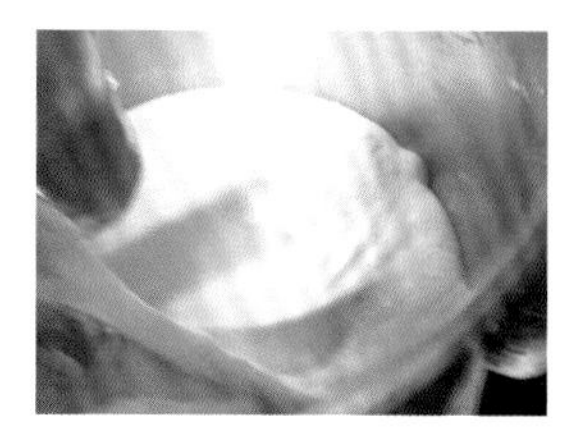

1 搅拌缸中倒入高筋面粉、盐、1400克水，低速搅拌均匀。

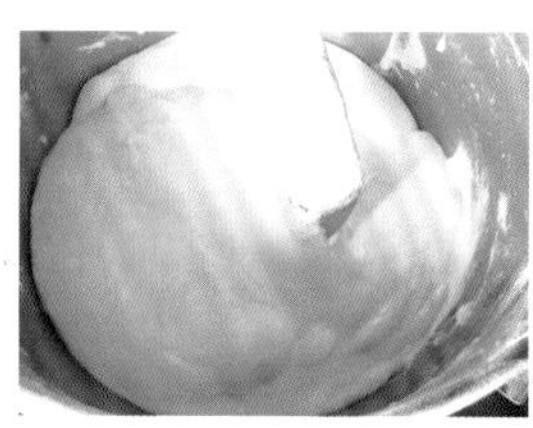

2 将搅拌机用中速继续搅拌5分钟，再转高速搅拌至面糊光滑不粘缸。

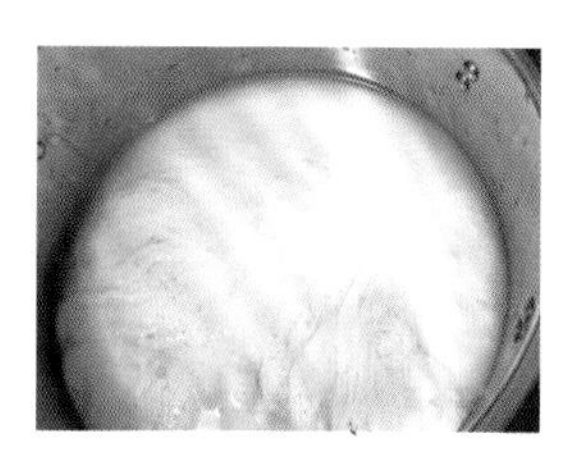

3 取出面糊放入盘中，在面糊表面倒入200克水防止表皮干裂，盖上保鲜膜冷藏一晚。

4 准备厚铁板，中火预热约20分钟，待温度达到100℃时转小火保温。铁板表面涂少量油再用布擦干，避免油过多导致面糊无法粘板。抓起一把冷藏后的面糊，将面糊抓出筋。

5 在铁板上点一下测试炉温，当炉温正常时就可开始擦面皮。

6 右手抓起面糊，在空中弹几下，产生弹性后将五指伸直，略为用力将面糊控制在掌心，在铁板上搓一圈，使面皮又薄又圆。

Tips

1. 步骤3中若面糊没有冷藏静置一晚，面糊会显厚。
2. 步骤4中，若全程用小火预热，需30分钟才能到达100℃。100℃为最理想的擦拭面皮的温度；95℃温度稍低，面皮表皮会粘在铁板上；而105℃则温度太高，面皮表皮无法粘在铁板上。
3. 步骤6中，若饼皮慢慢翘起则表示炉温刚好，很久才翘起表示炉温还不够，马上翘起表示炉温过高。

7 当面皮从锅边四周翘起时撕下，晾凉即可。完成的春卷皮依先后次序排放，避免粘在一起。春卷皮最上层需盖上一层布防止风干，重复步骤6、7至面糊擦完为止。

Tips

1. 面糊会因过热而失去弹力无法继续擦面皮，所以需留一些面皮，待冷藏后才能恢复弹性。
2. 铁板的厚薄与炉火的温度对春卷皮有关键的影响。3厘米厚的铁板保温效果最好，不必时常调整火力；铁板太薄容易温度过高，春卷皮不易粘在铁板上；温度过低，春卷皮不易翘起。
3. 面糊的软硬度也直接影响春卷皮的厚薄。面糊太硬会牵制擦面皮的动作，使春卷皮不易搓开，被筋性绑住会显厚；面糊太软，春卷皮易拉开而显薄。
4. 家庭版与营业版做法的不同之处在于，家庭版是直接加足水就可擦面皮，不必等也不必静置面糊。

家庭版

材料

高筋面粉	600克
盐	12克
水	700克

每张25克，可制作50张

Tips

1. 炉温不够需等一下再擦面皮；炉温过高可以先将火关掉，稍待片刻再开火。
2. 若饼皮慢慢翘起表示炉温适中；若一段时间后才翘起表示炉温还不够；而马上翘起表示炉温过高。

做法

1 搅拌缸中倒入高筋面粉、水、盐，低速搅拌均匀为面糊。
2 将搅拌机用中速继续搅拌5分钟，再转高速搅拌至面糊光滑不粘缸。
3 取出面糊放入盆中，在室温下静置约20分钟。
4 取一只平底锅或不粘锅，开小火预热，锅中涂少量油再用布擦干，避免过油而无法粘住面糊。
5 抓起一把静置后的面糊，在平底锅上点一下测试炉温。
6 当炉温正常时就可开始擦面皮。
7 右手抓起面糊，先在空中弹几下，待产生弹性后将五指伸直，略为用力将面糊控制在掌心中，在平底锅面上搓一圈，使面皮又薄又圆。
8 当面皮从锅边四周翘起时撕下，放于室温下冷却即可。
9 完成的春卷皮依先后次序排放，避免粘在一起。
10 春卷皮最上层需盖上一层布防止风干。
11 重复步骤7、步骤8至面糊擦完为止。

粉粿

过去人们会把洗好的衣服先用粉浆浸过，用清水漂净后拿去晒太阳，再用熨斗熨过，衣服会更加硬挺好看。每次母亲在做粉浆的时候，也会顺便做碗粉粿给我吃。

材 料

地瓜淀粉	225克
土豆淀粉	38克
水	1013克
蜂蜜	适量

每份150克，
共8份

Tips

如果只使用地瓜淀粉，做出的粉粿口感略硬，加入土豆淀粉后的口感更加软弹。

做 法

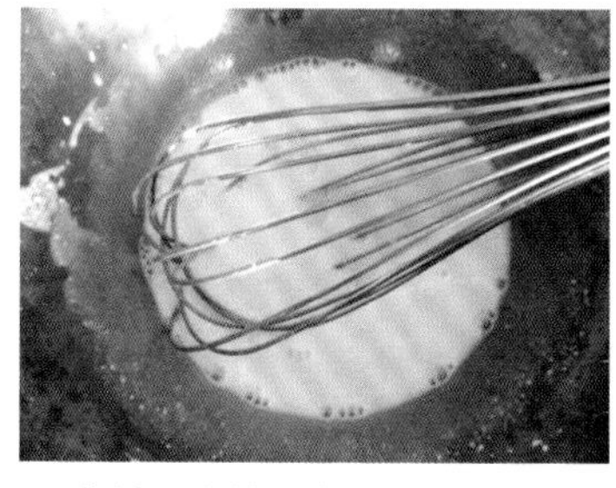

1 将地瓜淀粉、土豆淀粉放入搅拌盆中，加入263克水拌成浆。

2 将剩余的750克水煮开，倒入步骤1的粉浆中快速拌匀，小火煮至冒泡后关火，粉浆变得软弹即为粉粿，取出晾凉，食用时淋上适量蜂蜜或糖浆即可。

图书在版编目（CIP）数据

跟老师傅做传统点心 / 吕鸿禹著. — 北京：中国轻工业出版社，2019.5

ISBN 978-7-5184-1919-7

Ⅰ. ①跟… Ⅱ. ①吕… Ⅲ. ①糕点—制作 Ⅳ. ①TS213.2

中国版本图书馆 CIP 数据核字（2018）第 061891 号

责任编辑：高惠京　　责任终审：劳国强　　整体设计：锋尚设计

策划编辑：龙志丹　　责任校对：晋　洁　　责任监印：张京华

出版发行：中国轻工业出版社（北京东长安街6号，邮编：100740）

印　　刷：北京博海升彩色印刷有限公司

经　　销：各地新华书店

版　　次：2019年5月第1版第2次印刷

开　　本：720×1000　1/16　印张：9

字　　数：200千字

书　　号：ISBN 978-7-5184-1919-7　定价：49.80元

邮购电话：010-65241695

发行电话：010-85119835　传真：85113293

网　　址：http://www.chlip.com.cn

Email：club@chlip.com.cn

如发现图书残缺请与我社邮购联系调换

190316S1C102ZYW